図解 思わずだれかに話したくなる

身近にあふれる「科学」が3時間でわかる本

編著 左巻健男

読者のみなさんへ

本書は、次のような人たちに向けて書きました。

・理科（科学）は苦手だが、興味はある
・身のまわりにあふれる製品のしくみを知りたい！
・身のまわりで注意することを知りたい！

　私たちの生活は科学・技術の恩恵でとても便利で快適になっている面があります。しかし、内部がどうなっているか、しくみがどうなっているかは、わからないままに、つまりブラックボックスの状態で使っている場合がほとんどでしょう。

　本書の執筆メンバーはみんな、「見る・知る・遊ぶ　サイエンス」をキャッチフレーズにしている理科の雑誌『RikaTan（理科の探検）』誌の委員の有志です。
　「理科（科学）は本当はおもしろい！」ことを世に示そうと雑誌の企画や編集に頑張っている人たちです。

　そこで、まずテーマを 55 個選び出しました。それらを、「できるだけやさしく説明しよう」「これにはこんなしくみがあるのかがわかるようにしよう」というチャレンジでした。

　執筆者が多数であっても、本書は「物事のしくみをやさしく説明

できる1人が全部を書いた」というような統一感があるようにと、最初の原稿をみんなで検討し、大幅に書き直したものもたくさんあります。

　とくに意識したのは理科（科学）が苦手という人です。

　はっきり言ってしまえば、ブラックボックス化している物事のしくみを知らなくても生きていけます。スイッチのオンとオフさえできれば使える製品が多いです。それでも、「こんなことを知っていると、ためになるよ、役に立つよ、知ってよかったとなるよ」という主張を込めたつもりです。
　私たちのそんな願いがいくぶんでも実現できていると思われれば大変うれしく思います。

　最後になりますが、理科（科学）が苦手な人の代表として、各執筆者の原稿に突っ込みを入れて改善を促したりして、労多い編集作業を遂行していただいた明日香出版社編集の田中裕也さんにお礼を申し上げます。

編著者　左巻健男

図解 身近にあふれる「科学」が3時間でわかる本 目次

読者のみなさんへ　003

第1章 『リビング』にあふれる科学

01 羽根のない扇風機はどうやって風を出しているの?　012

02 エアコンはどうやって快適な空気をつくっているの?　016

03 赤外線のコタツから出ている光は赤色ではない?　020

04 リモコンはどうやって指示を送っているの?　023

05 コンセントの穴はなぜ左右の大きさがちがうの?　026

06 マンガン乾電池とアルカリ乾電池は何がちがうの?　030

07 人の出す熱量は電球1個分と同じ?　034

08 LED照明の電気代は蛍光灯の半分になる?　038

09 CD、DVD、BDはどうやって音や映像を記録するの?　044

10 液晶テレビはどうやって映像を映し出しているの?　046

11 4Kテレビはどのくらいきれいな画質なの?　050

12 次世代ディスプレイの有機ELって何?　054

第2章 『掃除・洗濯・料理』にあふれる科学

13	ロボット掃除機の頭脳はどうなっている？	058
14	洗濯洗剤は多く入れても効果がない？	062
15	酵素入り洗剤はふつうの洗剤と何がちがうの？	066
16	電子レンジはどうやって食べ物を温めているの？	069
17	冷蔵庫はどうやって冷やしているの？	072
18	「焦げつかないフライパン」を使うとなぜ焦げないの？	075
19	圧力鍋はなぜ短時間でおいしく調理できるの？	078
20	IHクッキングヒーターはどうやって鍋を加熱するの？	082

第3章 『快適生活』にあふれる科学

21	日本の硬貨にはどんな金属が使われているの?	088
22	「消せるボールペン」はインクを消すわけではない?	092
23	抗菌グッズは本当に効果があるの?	094
24	紙おむつはなぜたっぷり吸収してももれないの?	098
25	電子体温計はなぜ数十秒で測定できるの?	102
26	最近の水洗トイレは発電もしている?	104
27	「曇らない鏡」はなぜノーベル賞候補なの?	108
28	炭酸ガスを出す入浴剤は効果があるの?	112
29	体脂肪計はお風呂あがりに使うと誤差が出る?	116
30	ヒートテックはなぜ薄いのに温かいの?	119

第4章 『健康・安全管理』にあふれる科学

31 紫外線はカルシウムの吸収を助ける？　　　　　124

32 栄養ドリンクはどのくらい効果があるの？　　　128

33 水素水はただの清涼飲料水にすぎない？　　　　132

34 殺虫剤・防虫剤・虫よけスプレーは人に害はないの？　135

35 「まぜるな危険」を混ぜたらどうなる？　　　　138

36 かぜ薬はウイルスや細菌を退治するわけではない？　141

37 春にインフルエンザが流行するのはなぜ？　　　144

38 静電気の「バチッ」はどうすれば防げるの？　　148

39 幼児の誤飲はどう対処すればいい？　　　　　　152

40 ヒートショック死を防ぐには夕食前の入浴がいい？　156

41 冬に多発する一酸化炭素中毒はどう防ぐ？　　　160

42 火災を起こす「発火点」と「引火点」って何？　164

第5章 『先端技術・乗り物』にあふれる科学

43 太陽電池はどうやって発電しているの? 170

44 ドローンはラジコンヘリとは全然ちがう? 172

45 GPSはどうやって位置を特定しているの? 174

46 3Dプリンターはどうやって「印刷」するの? 178

47 ICカードや非接触充電のしくみはどうなっているの? 181

48 生体認証は本当に安全なの? 184

49 バーコードやQRコードのしくみはどうなっているの? 188

50 スマホはどうやってネットにつながるの? 192

51 タッチパネルはどうやって指の動きを検知しているの? 196

52 走っている電車の中でジャンプをするとどうなる? 199

53 新幹線はなぜくちばしが伸びたアヒル顔なの? 202

54 飛行機はなぜ空を飛べるの? 206

55 エコカーの「エコ」のしくみはどうなっているの? 210

ブックデザイン・イラスト　末吉 喜美

第1章
『リビング』
にあふれる科学

01 羽根のない扇風機はどうやって風を出しているの？

スタイリッシュなデザインでヒットした羽根のない扇風機。ふつうの扇風機には必ずある「羽根」が見あたらないので、不思議な感じがしますね。どんなしくみになっているのでしょうか。

見えないところに羽根がある

何もない空洞から風が出てくる「羽根のない扇風機」ですが、正確には、羽根がないわけではありません。「羽根が見えない扇風機」なのです。ではどこに羽根があるのでしょうか。じつは胴体の円柱部分のなかに羽根が入っています。

風の流れはこうです。

胴体には多くの穴があいていて、空気はまずここから吸いこまれます。とりこまれた空気は内部のモーターと羽根のはたらきで、上部に送られます。送られた風は、輪の後部にある1ミリほどの細いすき間（スリット※1といいます）から吹き出されます。

この細いすき間にはなかなか気づくことができません。そのため何もない空洞から風が出ているように感じるのですね。

ところで、1ミリほどのすき間からでは、たいした風量にしかならない気がします。一体どうやって多くの風を送っているのでしょうか。

※1：このスリットが細すぎると空気圧が内部で高まりすぎて、スムーズに空気が出てこられません。一方4〜5ミリになると、空気圧が内部で弱まりすぎて勢いを失ってしまいます。適切な空気の量がすばやく出てくるよう絶妙に設計されています。

012

まわりの空気を巻きこみながら吹き出している

このことを説明するために、実験例の話をしたいと思います。

大きなポリ袋を用意してみましょう。袋の入り口を手ですぼめて、息だけしか入らないようにして吹きこんでみます。大きなポリ袋をふくらませるのは大変ですね。

一方、袋の口を広げて、息を勢いよく吹きこんでみましょう。するとこんどは、袋は一気にふくらみます。この場合は、吐いた息がまわりの空気を巻きこんで一緒になって袋の中に入ったために勢いよくふくらませることができたのです。

一気に吐いた息によって、空気の流れは速くなります。このとき、気圧はまわりよりも低くなります。すると、まわりの空気がその空気の流れに巻きこまれるのです。空気は圧力が高い方から低い方へ動くためです。

羽根のない扇風機でも、これと同じようなことがおきています。胴体から送られる空気だけではなく、その空気がまわりの空気を巻きこんでいます。そのうえ、よりたくさんの空気を巻きこむよう設計に工夫がされています。

輪の断面を見てみましょう（P.015参照）。飛行機の翼のような流線型になっていますね。この厚くなった後ろ側にあるスリットから、前面側に向けて風が吹き出します。

スリットから吹き出した風は、内側の傾斜に沿って流れること

で速度が増していきます。その結果、風の流れ道は気圧が周囲よりもずっと低くなります。こうして、**胴体の中から吹き出された風とは別に、輪の外側からもたくさんの空気をとりこみ、風を送り出します**。

「エアマルチプライアーテクノロジー」と名づけられた技術を用いたダイソン社の製品では、胴体の穴から吸いこんだ空気のおおよそ 15 倍の空気が放出されるということです[2]。気圧の差を活用し、小さな動力で大きな風を送り出しているのですね。

技術を応用してラインナップを増やす

ダイソン社は、羽根がない扇風機にさまざまな機能を付加することで、製品ラインナップを増やしています。空気清浄器やファンヒーター、加湿器といった商品です。

もっともここで説明したように、本体がとりこむ空気の 15 倍の風量が出るということは、温められたり、きれいになる空気は吹き出す量の 15 分の 1 しかないわけですから、風量で感じるほどの効果はないといえます。

また、同じ技術を使ってヘアドライヤーも作られています。持ち手部分にモーター、ファン、ヒーター等を内蔵し、持ち手部分から吸いこんだ空気を、ヘッド部分のスリットから吹き出します。持ち手にモーターやファンを内蔵したため、ヘッドが軽量になり手への負担が軽減されました。

今後もこの技術をつかってどんな製品が出てくるのか、楽しみにしたいですね。

※ 2：風の倍数は本体の大きさによって異なります。

小さな動力で大きな風を送り出すしくみ

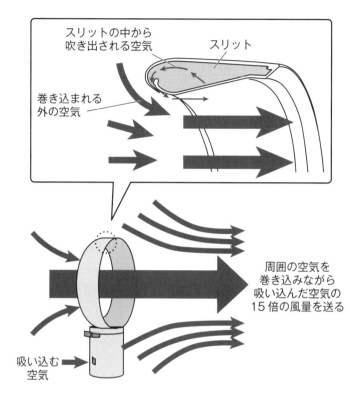

02 エアコンは どうやって快適な空気をつくっているの？

暑い日には冷たい空気を、寒い日には温かい空気を送り出してくれるエアコンは、私たちの生活になくてはならない存在ですね。どのように快適な温度の空気をつくっているのでしょうか。

熱は、温度が高いほうから低いほうへ移動する

冷房や暖房は私たちの生活を快適にしてくれますね。このエアコンの説明をする前に、「熱」について学んでおきましょう[1]。

東京では夏の暑さ対策として「打ち水大作戦」という社会実験がおこなわれています。これは、夕方にタイミングを合わせていっせいに打ち水をすることで、ヒートアイランド現象にどのような効果が出るかを検証するものです。

打ち水をすると水は数十分もすれば蒸発しますが、少しひんやりとしてきます。これは、水が蒸発する際に、接しているところの熱を奪うことで起こる現象です。この「液体が気体になるときにまわりから奪う熱」のことを**気化熱（蒸発熱）**といいます。

つぎに、冷たい飲み物を入れたグラスを思い浮かべてみましょう。暑い夏の日には、すぐにグラスのまわりに水滴がつきます。これは冷えたグラスがまわりの温かい空気から熱を奪うことで、空気中の水分が液体になったものです。このように、「気体（水蒸気）が液体になるときに放出する熱」のことを**凝縮熱**といいます。

※1：「熱」とはエネルギーのことで、エネルギー量を「熱量」ともいいます。単位は「ジュール（J）」です。「温度」は、熱さ、冷たさを数値で表したもので、単位は「度（℃：摂氏）」です。

016

第1章 『リビング』にあふれる科学

エアコンのしくみ

この「液体が気体になるときに熱を奪い、気体が液体になるときに熱を放出する」現象を機械的に起こすことで、冷たい、または温かい空気を送っているのがエアコンになります。

エアコンは、室内機と室外機とがセットになっています。2つは細い金属製のパイプでつながっていて、この中を冷媒という「熱の運び屋」が循環しています。

冷媒は普段は気体（ガス）ですが、冷やすと簡単に液体になる物質が使われています。

冷やされた液体状の冷媒が、**暑い部屋から「熱を奪う」ことで部屋を冷やします**（これが冷房です）。また、熱せられた気体の冷媒が、**冷えた部屋に「熱を与える」ことで部屋を温めます**（これが暖房です）。

エアコンの室内機と室外機はどちらも熱交換器です。熱交換機に熱い気体を通すとまわりに熱を放出し、冷たい液体を通すとまわりから熱を奪います。2つの熱交換器は、圧縮機と膨張弁を挟んでパイプでつながっていて、**気体を圧縮する（圧力を上げる）と温度が上昇し、逆に膨張させる（圧力を下げる）と温度は下がります**。これにより気体と液体を行ったり来たりすることで、熱を移動させているのです。

空気が循環するしくみ

冷房を例に、エアコンの各部分のはたらきを見ていきましょう。

まず、気体の冷媒が圧縮機に入ると、気体は圧縮されて温度が

017

上がり、高温の気体となって室外機に送られます。室外機の熱交換器では、高温の冷媒が通過する際に、冷媒の温度より低い外気に熱を奪われて冷やされ、液体になります。

　液体の冷媒は膨張弁で膨張してさらに冷やされ、室内の空気よりも冷たい液体になります。その冷たい液体が室内機の熱交換器を通るときに、こんどは室内の空気から熱を奪って涼しい風を送り出すのです。

　このとき冷媒は室内の空気に温められ、気体になります。気体になった冷媒は圧縮機で圧縮され、また高温の気体になって室外機に送られます。

　この冷媒の流れをひっくり返すと暖房になります。

省エネ家電で活躍する「ヒートポンプ」

　このように、冷媒の状態を変えることにより、温度の低いところから熱を奪い、温度の高いところに放出して循環しています。この様子が、低いところの水を汲み上げるポンプに似ていることから、「ヒートポンプ（熱のポンプ）」とよばれています。

　ヒートポンプは、圧縮や膨張の際に電気エネルギーを使いますが、熱交換器における熱の移動は「温度が高いほうから低いほうへ移動する」という自然な流れなので、エネルギーを必要としません。このため効率のよい熱利用を実現できるのです。

　ヒートポンプは、エアコンのほかにも、冷蔵庫や洗濯機、床暖房やエコキュートなどの省エネ家電に使われています。

冷房の場合

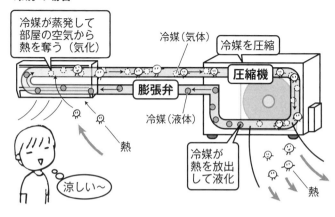

暖房の場合

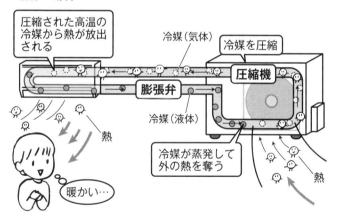

03 赤外線のコタツから出ている光は 赤色ではない?

> コタツは赤外線で温かくなるものが多いです。焼き鳥は赤外線
> でおいしくなり、いろいろな石から赤外線や遠赤外線が出て健
> 康にもよいそうです。どのような働きをしているのでしょうか。

光と熱

電灯をつけると明るくなりますね。白熱電灯や豆電球は明るい
だけでなく、触ってみると熱くなっています。これは熱くなった
フィラメントから光が出ているからです。

一方、コタツをつけると薄ぼんやりと赤くなるものが多いです
が、明るさ以上に温かくなります。また、炭火は薄暗いですが、
焼き肉などには最適ですね。このように、熱した物体から出てく
る光や熱を日常なにげなく使っていますが、熱しかたによって光
や熱の出かたが変わってきます。

一般に物体は、温められるとその温度に応じた光を出します。
この現象を「放射」とよびます。「光」といっても、目に見える、
いわゆる可視光だけでなく、目に見えない赤外線や紫外線なども
あります。

光は電磁波の一種で、波としての性質を持っています。そのエ
ネルギーは波の長さ、波長によって決まり、波長が長いほどエネ
ルギーは低くなります。光の中で、**人間の目で見える可視光は波**

長が約0.4マイクロメートルの紫色から、約0.8マイクロメートルの赤色までのものをいいます[1]。

紫から青、緑、黄、赤と変わるにつれて、波長が長く、エネルギーは低くなります。紫外線は紫より波長が短く、赤外線は赤より波長が長いので、目で見ることができません。赤外線は名前の通り、「赤の外側」にあるためにこうよばれています。

赤外線とは

赤外線は物を温める性質があることから「熱線」ともよばれます。実は私たちの身のまわりの物は、その温度に応じた赤外線を出しています。もちろん私たちの体からも出ています。

赤外線は物体に吸収されやすいという性質があります。吸収された赤外線は熱に変換され、物体を温めます。ですから赤外線を発している物体は温かく感じるのです。また、物体に吸収されたとき、数百度程度の加熱となるため、おだやかに加熱することができ、調理に活用されています。

焼き鳥を炭火で焼くとおいしいのはなぜ？

焼き鳥は、ガス火で熱するよりも炭火で熱したほうがおいしいといわれます。それはなぜでしょうか。

ガス火は、都市ガス（メタン）やプロパンガスを燃やして加熱しますが、燃えるときに二酸化炭素と水ができます。火が燃えているときの水は水蒸気の状態ですが、冷えると液体の水になり、焼き鳥が水っぽくなってしまいます。

※1：「1マイクロメートル」は1メートルの100万分の一を指します。

しかし、炭火は主に高温になった炭からでてくる赤外線で熱しますから、水っぽくなりません。すぐに表面がパリッと焼きあがり、中の肉汁をのがしにくく、うま味を閉じこめることができるのです。

ガス火でも赤外線が発生しますが、炭火からはその約4倍もの赤外線が発生します。

遠赤外線とは

「遠赤外線」は、赤外線の中でも波長が4マイクロメートル以上のもので、赤外線よりもさらに波長が長く、エネルギーが低い光です。世間には、「遠赤外線」の効能をうたった鉱物などが売られていますが、結局は「その温度に応じた」波長の光を出しているだけなので、遠赤外線に関する効果は同じ温度の石ころと大差ありません。

コタツのランプはなぜ赤い？

従来の「赤外線ランプヒーター」は主に赤外線領域の光を発するために暗く、温まるのに時間がかかるため、きちんと動いているのかよくわかりませんでした。

そこで、ヒーターがつくと同時に赤いランプで稼働がわかるようにしたのです。消し忘れ防止にもなり安全面に優れているので定着したようです。**この赤色はあくまでランプの色で、赤外線による光の色ではなかった**のですね。

022

第1章 『リビング』にあふれる科学

04 リモコンはどうやって指示を送っているの？

皆さんの家にはいくつものリモコンがありますね。無線で離れたところから、どのように指示を出しているのでしょうか。

テレビのリモコン

家にあるテレビのリモコンを見てみましょう。テレビに向けるほうにはLEDが見えていたり、スモークで透明なカバーがついていますね。テレビのほうにも黒っぽい透明な部分があるはずです。リモコンとテレビの間に物があったり人がいたりするとリモコンは動作しません。私たちの目には見えませんが、リモコンのLEDの部分からは「光」が出ているのです。

ところで、テレビが見えないところでリモコンを押しても反応しませんが、鏡に反射させてみるとどうでしょうか。今度はきちんと動きますね。このことからもリモコンからは光が出ていることがわかります。

赤外線が鏡に反射して
テレビが動作する

鏡

※1：信号はいくつかの会社が主導して一定のルールはあるものの、JISなどの統一した規格があるわけではありません。混乱が起きていないのは、リモコンメーカーが膨大にあるわけではないためです。

光といっても色々

リモコンからの光はなぜ見えないのでしょうか。光といっても色々な種類があります。私たちの目に見える光を「可視光線」といい、見えない光を「不可視光線」といいます。

可視光線は、紫色から赤色で、紫色より波長が短い目に見えない光を「紫外線」、赤色よりも波長が長く目に見えない光を「赤外線」とよびます。

テレビのリモコンの光は赤外線です。赤外線は人には見えない光ですが、鏡で反射させることで命令を送ることもできるのです。

命令のしくみ

リモコンからの命令は「点滅の組み合わせ」で送られています。その点滅をデジタル信号に変えて、「どんな機器の」「何を」「どうする」というような命令をセットにして送っています。モールス信号の光バージョンというイメージです[※1]。

テレビのリモコンの仕組み

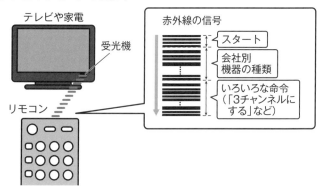

第1章 『リビング』にあふれる科学

電波式のリモコンも

　最近では車のエンジンスターターを持っている人も増えている
でしょう。アンテナがついていることも多いですから、同じリモ
コンとはいっても赤外線ではなさそうです。

　このような機器は電波で命令を送ります。中には「無事にエン
ジンがかかりましたよ」という返信がリモコンに戻ってくるもの
もあります。

　電波式のリモコンは、直接見通しのきかないところにも命令を
送ることができるうえ、双方向に情報をやりとりすることも可能
です。

　赤外線リモコンは情報を送るのに時間がかかります。ですから、
命令できる内容も限定的です。ところが電波式のリモコンでは高
速で命令を送ることができるため、複雑な命令を送ることも可能
です。

　ところで、リモコンという言葉は完全なる和製英語です。英語
で正式には remote controller、略して remote といいます。「離
れたところのものを制御する」という意味です。

　これまではオン・オフや大・小などの単純な命令ばかりでした
が、機器の発達によって、実に多様な制御ができるようになって
きました。離れたものを制御するという意味合いが複雑になって
きたのです。

05 コンセントの穴は なぜ左右の大きさがちがうの？

コンセントの穴の長さをじっくり見たことがありますか。よく見ると左右で長さがちがいます。これには、ろう電、感電、アースが関係しています。

ろう電と感電とは

電気がもれることを**ろう電**といいます。

ろう電が原因で、人が電流回路の一部になり、電流が体内を通って大地に流れていくことが**感電**です。

屋内の配線や電気器具は、電気がもれないように絶縁されています。ところが、長い間使っていたためにコードやプラグなどが痛んだり、水をかぶったりすると、ろう電が起こりやすくなります。

万が一ろう電が起こると、大きい電流が流れて発熱したり、火花が飛んだりして、火災の原因になります。また、ろう電は感電事故の原因にもなります。

洗濯機など、水まわりで使う電気器具のろう電による感電をさけるため、アース※1 をつけて、電気を大地に逃がしてやる必要があります。

ふつう、家庭に配電されている 100 ボルトの電圧なら、体に流れる電流は小さく、命にかかわることはめったにありません。

※1：アースとは、電気機器から電気を大地に逃がす安全装置で、接地（せっち）ともいいます。

しかし、水まわりだと体がぬれていて人の電気抵抗が小さくなり、非常に電流が流れやすくなります。

もし体に100〜300ミリアンペアの電流が流れると、心臓が不規則に鼓動して、数分後には死ぬといわれています。そこで水まわりにはアースをします。

電流の大きさと人体への影響

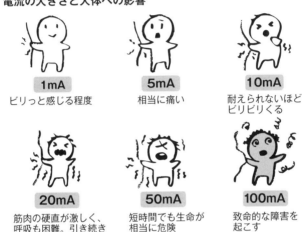

1mA　ビリっと感じる程度
5mA　相当に痛い
10mA　耐えられないほどビリビリくる
20mA　筋肉の硬直が激しく、呼吸も困難。引き続き流れると死に至る
50mA　短時間でも生命が相当に危険
100mA　致命的な障害を起こす

アースをしていない場合、ろう電のときに電気器具にふれると、人体を通って床などに電流が流れることがあります。

アースをすることにより、電流は人体よりもずっと電流が流れやすいアース線を通って大地に流れるため、人は安全というわけです。

アースをしていればろう電しても安全

コンセントの穴の大きさがちがうわけ

2口コンセントは、**長い穴のほうがアース（大地に接地）してあります**。その区別を長さで示しているのです。

コンセントは、2本の電線に独立につながれています。コンセントの長い穴の方を接地側（アース側）といい、短い穴の方を非接地側（電圧側）といいます。感電するときはこの電圧側にさわったときです。

電圧側にさわると感電する

家庭では、電圧100ボルトの電気が、2本の電線から電力量計

028

第1章 『リビング』にあふれる科学

とブレーカーを伝って届いています。

電圧は2か所の電位の差[※2]ですが、大地の電位は0です。

接地側に手がふれても、足が0ボルト、手も0ボルトで電流が流れないので何も感じません。

しかし、電圧側をさわると、手は100ボルト、足は0ボルトで、コンセント → 人体 → 大地 → アース → トランス → コンセントと、ぐるっとひとまわりの回路ができて体に電流が流れます。

電圧側を直接さわらなくても、電圧側がつながっている金属部分があれば、それにさわることで同様に電流が流れます。

その金属部分があらかじめ導線でアースされていれば、ほとんどの電流はそこに流れ、人がさわってもほぼ電流は0なので何も感じることはありません。

アースの取り付け方法

ろう電や感電を防ぐため、冷蔵庫や電子レンジ、洗濯機やウォッシュレットなどの水を使用する家電製品、湿気や水気がある場所で使う家電製品、また、使用電圧の高い器具などは必ずアース線を取り付ける必要があります。

方法は簡単です。コンセントにアース端子があればそこにつなぐだけです。もしアース端子がない場合は、アース設置工事が必要です。アース設置工事は、法律により、電気工事士という資格を持った人しかできません。

なお、ガス管には絶対にアースをつないではいけません。引火・爆発のおそれがあり危険です。

※2：電圧は電気を流そうとする力で、かけられた電圧によって流れた電気の量を電流といいます。電気はプラスからマイナスに流れますが、この差を「電位の差」といいます。この電位差（電位の高低差）がどのくらいあるかが電圧の値を決めます。

029

06 マンガン乾電池とアルカリ乾電池は何がちがうの?

乾電池といえばかつてはマンガン乾電池が一般的でしたが、今はアルカリ乾電池が主流ですね。2つの乾電池にはどんなちがいがあるのでしょうか。

使わないときの回復力が強いマンガン乾電池

マンガン乾電池の特長は、値段が安く、少しの電気しか使わない機器を長く動かせることです。ほんの少しの電気を、使っては休み、使っては休み……と断続的に繰り返すような電気の使い方をする場合に長持ちをします。

その理由は、**使っていない(休んでいる)あいだの回復力が強い**からです。アルカリ乾電池も回復しますが、マンガン乾電池には及びません。

1秒ごとに針を動かす時計や、ボタンを押されたときだけ赤外線を出すリモコン等に向いており、こうした機器はマンガン乾電池を使うように指示されているものが多くあります。

強いパワーを長く持続するアルカリ乾電池

アルカリ乾電池は、**強いパワーを長く維持する**ことが特長です。そのため、モーターを動かす機器や、安定した電気が欲しい電子機器に使われています。今では、乾電池を使う機器のほとんどがアルカリ乾電池を使うように指示されています。

マンガン乾電池は電気を使い続けるとすぐに電圧が落ちるため、アルカリ乾電池を使うよう推奨された機器に入れた場合、早々に使えなくなってしまいます[1]。

アルカリ乾電池のほうがパワフルで長持ちなため、マンガン乾電池が使われる機会はずいぶん減りました。若い人の中には、マンガン乾電池を知らない人もいるかもしれませんね。

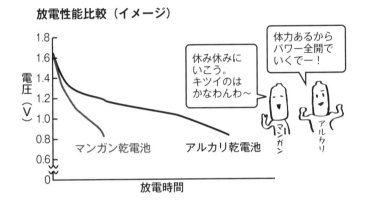

アルカリ乾電池の欠点は液漏れ

入れっぱなしにしていた電池から液体が出てきて、機器をダメにしてしまったことはないでしょうか。これは液漏れという現象です。

アルカリ乾電池の中には液体が入っています。これには、水酸化カリウム[2]という物質が溶けていて、強いアルカリ性です。素手で触るとケガをすることがありますし、目に入ると失明の恐れもあります。いつの間にか液漏れして、機器の端子や回路をダ

---

[1]：アルカリ乾電池は、マンガン乾電池の2〜3倍長持ちします。価格も同じくらいのちがいがあります。
[2]：水酸化カリウムは乾電池のほかに、業務用のパイプ洗浄剤などに使われています。

メにしてしまうこともあります。

　液漏れの原因はいくつかあります。電池を逆に入れてしまった
り、過放電※3してしまったとき、また、耐用年数を超えて使用
を続けると起こりやすくなります。

　昔はマンガン乾電池もよく液漏れをしていました。しかし今で
は、マンガン乾電池は中の液をペースト状にしているため液漏れ
の心配はほとんどありません。ですから、**過放電による液漏れが
心配な機器にはマンガン乾電池が有利**なのです。

アルカリ乾電池は過放電が起こりやすい機器に注意

　では、どのような機器で過放電が起こりやすいのでしょうか。
それは長いあいだ電池を入れっぱなしにする機器です。

　リモコンや掛け時計は少ししか電気を使わないため、アルカリ
乾電池を使うと数年間は電池交換をする必要がなくなることが多
くなります。その間に電池の耐用年数を超えてしまい、液漏れが
起こってしまう場合があります。とくに安いアルカリ乾電池は耐
用年数が短いことがあるので注意が必要でしょう。

　一方のマンガン乾電池は、電池の耐用年数をむかえる前に電池
切れになることが大半です。アルカリ乾電池とくらべて長持ちし
ないことが、安全のために役立つこともあるのです。

　電池が切れたまま交換するのを忘れてしまった場合も過放電に
つながります。電池は使わなくても自己放電（自然と電気が減る
こと）するため、非常持ち出し袋に入れた懐中電灯やラジオに電

※3：過放電とは、放電終止電圧（約1ボルト）を下回った状態で放電することです。電
池が切れたあとも、入れっぱなしの電池からは微量の電流が流れ続けます。このとき電池
内部では水素ガスが発生します。水素ガスが一定以上になると安全弁が作動し、ガスが外

池を入れたままにするのも危険です。いざというときに液漏れしていて使えないということもあり得ます。こうした機器には電池を入れずに、パッケージのまま保存しておくとよいでしょう。

乾電池は燃えないゴミ？

乾電池は、各自治体によって、燃えないゴミや資源ごみ、有害ごみとして分別するなどまちまちなようです。それぞれのルールに従って適切に処分しましょう。

社団法人 電池工業会では、マンガン乾電池とアルカリ乾電池は共に「燃えないゴミ」で処分するように呼びかけています。処分場で埋めても、土壌汚染などの問題が起こらないからです[※4]。ただし捨てる際には、ゴミの中で電気が流れて火事などが起こらないように、端子にセロテープなどを貼ってください。

一方で、充電池やボタン電池などの中には、燃えないゴミで出してはいけない電池もあります。電池に使われている成分に、水銀やカドミウムのような土壌汚染物質がふくまれていることがあるからです。必ず各自治体の分別方法を確認して捨てるようにしましょう

いろいろな電池

マンガン乾電池　アルカリ乾電池　ボタン電池　充電池

捨てるときは気をつけてね！

に放出されます。このときに、中の電解液も一緒に放出されてしまうのです。
※4：環境への悪影響が懸念された水銀は、マンガン乾電池が1991年、アルカリ乾電池は1992年から使用されていません（いずれも国内）。

07 人の出す熱量は電球1個分と同じ？

> 窓を閉め切った部屋に多くの人が集まると、部屋は温かくなりますね。私たちは電球に例えると何個分のエネルギーを発熱しているか考えてみましょう。

人間に必要なエネルギーはどのくらい？

人間が生きるために必要なエネルギーは食事から得ています。食べ物を口から入れ、そのエネルギーを消費し、体の外に熱を放出していると考えます。

そのときの計算の元になるエネルギーを、「基礎代謝」を基準に考えてみましょう。

基礎代謝とは、人が何もしない安静の状態で、ただ生きていくために最低限必要なエネルギーのことです。具体的には、心臓の拍動や呼吸、体温の保持などの生命維持に使われるエネルギー代謝のみを表しています。

1日の基礎代謝量は年齢や性別、体重によってちがいはありますが、日本の成人男性（60キログラム）の場合で約1500キロカロリー、成人女性（50キログラム）では約1200キロカロリーとされています。

生命維持のためだけにこれだけのエネルギーを食事から摂取しているのですね。

当然、日常生活を送る活動のためには、これ以上のエネルギー

034

第1章 『リビング』にあふれる科学

が必要になってくるわけです。

エネルギーの単位と仕事率

ちなみに、エネルギーの単位は、世界的には「ジュール（J）」が推奨されていますが、食物や代謝の熱量を計算するときには「カロリー（cal）」という単位もいまだに使われています。

「水1キログラムの温度を1℃上昇させるのに必要な熱量は1キロカロリー」と定義されています。「1カロリーは4.2ジュール」、「1ジュールは0.24カロリー」の関係にあります。

本項では「人は何ワットの電球に相当するか」ということを考えますので、ワットという単位について少し説明しておきましょう。

ワット（W）は、1秒間でどのくらいの仕事ができるかという仕事率の単位です。

毎秒1ジュール（J）の仕事率は1ワットです。

ジュール単位の仕事やエネルギーを秒で割れば、仕事率＝ワットの値が求められます。

ワットは家電製品にも用いられています。蛍光灯やテレビを買おうとするときは、何ワットかを気にしますね。電気の仕事率は電力とよんでいます。

消費エネルギーを電力に換算すると

人間の消費熱量を電力に換算すれば、人間が何ワットの家電製

035

品と同じエネルギーを消費しているかが計算できることになります。

　成人男性の場合、1日当たり1500キロカロリーの基礎代謝量は、ジュールに換算すると6300キロジュールになります。

　6300キロジュールは630万ジュールです。これを、1日＝86400秒で割ると、72ジュール毎秒、つまり72ワットとなります。

　家庭で使われている一般的な白熱電球が60ワットですから、電球1個分を点灯させてわずか余るぐらいのエネルギーで、生命が維持されていると考えられます。

　普段の生活（通勤や買い物、家事など生活パターン）であれば、基礎代謝量の約1.75倍のエネルギーが必要になりますから、約126ワットということになります。つまり、人間は60ワットの電球2個分のエネルギーで活動しているといえそうです。

　しかし、食事で得たそのエネルギーのすべてが、人体から発せられる熱量に変わるわけでありません。

人が発する発熱量はいくら？

　人間の摂取カロリーに対するエネルギー効率を考えてみましょう。

　食事で得たエネルギーのうち、体内の様々な働きに約25パーセントが使われます。残りの約75パーセントが熱となって発散します。これは、ガソリンエンジンとほぼ同じエネルギー効率といえます。

この熱は体の表面から放散したり、尿や便とともに体外に排泄されますが、同時に体を温め、体温を保つ働きもしています。

その結果、人の体温はだいたい37プラスマイナス1℃の範囲にあり、通常はほぼ一定に維持されています。

126ワットのエネルギーを消費する成人男性の場合、75パーセントの約94ワットが熱として、体の外に放出されるということになります。

結局、**人間1人は100ワット電球に近いエネルギーを発熱している**といえます。ランニングや水泳のような激しいスポーツをしているときは、その数倍以上の熱量を発していることになります。

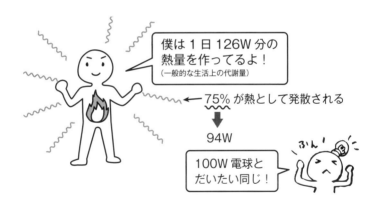

08 LED照明の電気代は蛍光灯の半分になる?

身のまわりにはたくさんのLEDがあふれています。家の照明、信号機や電光掲示板、スマホやノートパソコンの液晶画面を明るくするバックライトなどです。そのしくみを見てみましょう。

LEDとは

LED（Light Emitting Diode）は別名「発光ダイオード」といいます。これは、決められた方向に電流が流れたときだけ発光します。

まず1962年に、赤色LEDが開発されました。開発当初は、光源としての能力は小さいものでしたが、現在では高輝度発光ダイオードが開発され、信号機、農業や漁業用の光源、懐中電灯、家や工場、店舗の照明など、用途が飛躍的に拡大しています。信号機や電光掲示板は、以前より鮮やかに見えるようになりました。

LEDは電気を直接光に変換するので、白熱電球や蛍光灯にくらべエネルギー効率がよく長寿命です。LEDはLED照明に利用される前から使われており、CD、DVD、BD（ブルーレイディスク）が製品化できたのもLEDのおかげです[1]。

その後LEDが照明として脚光を浴びるようになってきたのは、技術革新で十分な照度が得られるようになり、青色や白色のLEDが安くなって、自然な光が再現できるようになったからです。

※1：LEDはCD、DVD、BDの記録再生用の光ディスクドライブの中の半導体レーザーとして使われています。その基板材料として、CD、DVD用はガリウムヒ素、BD用は窒化ガリウムが用いられています。

LED電球のしくみと光の広がり方

　LEDの発光のしくみは、豆電球（白熱電球）と大きく異なっています。

　豆電球は、金属の細かい線からなるフィラメントを発熱させて発光させます。一方、LEDの発光は半導体などに電圧を加えたときに高いエネルギー状態（励起状態）になり、それが低いエネルギー状態（基底状態）に戻るときに起こる発光を利用しています。

　図1はLED電球のしくみです。LED素子が発した光を、レンズで拡散し、電球全体を明るくさせています。

　また、LED電球と白熱電球では、光の広がりかたにもちがいがあります。図2のように、LED電球は光を放射する向きに偏りができ、電球面の正面は明るくなる一方、側面や背面は暗くなります。

図1　LED電球のしくみ

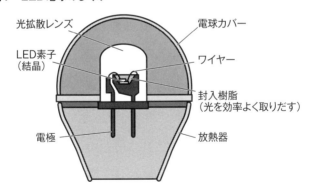

図2　白熱電球とLED電球の光の広がり方の違い

白熱電球の場合　　　LED電球の場合

青色LEDの発明が白色光を実現

LEDは1つの波長の光（単色光）を放出します。**白色光を出すには、青・緑・赤の3つのLEDが必要で、青色LEDの発明により白色光が可能になりました。**

最も普及しているのは青色LEDと黄色の発光体を使ったものです。青色LEDチップの上部に黄色の発光体を取りつけます。青色が黄色の蛍光体に当たり、青色を黄色にします。この黄色と青色LEDから出た青色を重ねて擬似的に白色にする方法です。

2014年、赤崎勇・天野浩・中村修二の3氏が『高輝度でエネルギー効率のよい白色光を実現する青色発光ダイオードの開発』の業績でノーベル物理学賞を受賞しました。

世界初の青色LEDは1989年、明るくて実用的なものは1993年で、赤色LEDができてから30年以上も経っていました。この最大の理由は青色ダイオードの元となる窒化ガリウムのきれい

第 1 章 『リビング』にあふれる科学

な結晶を安定して作るのが難しかったからです。

LED の寿命は蛍光灯の約 4 倍

LED の寿命は約 4 万時間[2]と、電球（約 3 千時間）や、蛍光管（6 千〜 1 万 2 千時間）の寿命に比べても圧倒的に長いことが特徴です。交換しにくい場所の照明や信号機に使われているのはそのためです。

なお電気エネルギーから可視光線への変換効率は、電球、蛍光灯、LED の順に、10％、20％、30 〜 50％といわれており、高効率なところも利点のひとつです。

また、**LED 電球の電気代は蛍光灯の半分以下**です。各世帯の平均では LED 電球を使うことで、年間 1 万 8 千円以上も電気代を安くすることができます。

LED のプラス面としては、寿命が長く電球交換の手間がかからない、消費電力が少ない、衝撃などに強い、電気をつけるとすぐに明るくなるなどがあります。マイナス面としては、値段が高い、熱に弱い、重い、均一に光を放射できないなどがあります。

LED 照明のライバル、有機 EL 照明の出現

有機 EL は、照明としても影をつくらず、自然光に近い風合いで発光するため、部屋の照明のような広範囲を照らす用途では様々な可能性を秘めています。LED 照明につぐ次世代照明として注目されています。

※ 2：LED は少しずつ暗くなるので、初期の光度の 70％になるときを「寿命」としています。

09 CD、DVD、BD は どうやって音や映像を記録するの？

音楽や写真・動画を保存し、再生できる CD、DVD、BD[1] は家庭に広く普及していますね。どんなしくみで記録し、再生しているのでしょうか。

アナログ録音とデジタル録音

音や映像は、どのように記録されるのでしょうか。ここでは音の場合で考えてみましょう。

CD が普及する前の音楽録音といえば、LP レコードやカセットテープに代表されるアナログ録音でした。

音は、空気の振動なので、直接物体の形として記録することができます。音の振動を、プラスチックの凸凹や、磁性体表面の磁気の強弱によって記録するのです。再生するときは、針や磁気ヘッドなどで記録面をなぞり、音の波形を読み取ります。

この方法だと、記録面に直接接触して読み取っているため、最初のうちは原音に近い音が再生できても、何回も繰り返すうちに、元の形がくずれ、音が再生できなくなってしまいます。

一方デジタル録音は、まず、音の波形を一定時間ごとに区切り、波の高さを十進数で読み取ります。つぎにそれを二進数に変換し、その値を記録するのです。[図 1]

二進数は、0 と 1 のちがいがわかっていれば、再生される音はいつまでも録音されたときの品質を保ち続けることができます。

※ 1：CD は「Compact Disc（コンパクトディスク）」、DVD は「Digital Versatile Disk（デジタル多目的ディスク）」、BD は「Blu-ray Disc（ブルーレイディスク）」の略です。
※ 2：アナログ信号をデジタル信号化するときの単位時間当たりの標本化回数のことです。

ただ、一定周期ごとの区切りかたが粗いと、原音とのちがいが大きくなってしまいます。この周期をサンプリング周波数[※2]といい、できるだけ短い周期で波形を読み取ったほうが原音を忠実に再現することができます。

しかし、あまりに短すぎると今度はデータの量が膨大になってしまいます。そのあたりの折り合いをつけ、適度なデータ量になる周波数が採用されています。

CDでは、44.1キロヘルツの周波数です。音を1秒間に4万4千回に区切り、波の高さを読み取っているわけです。この周期なら、人の耳が聞き取れる音域を、ほぼ忠実に再現できます。また、データの量もそれほど多くならず、CDの大きさにうまく納まります。

図1 デジタル録音

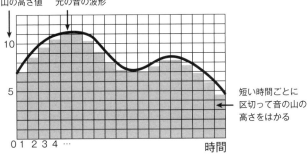

1番目の音の高さ→数値で読み取る「7.0」→近似値化:十進数「7」→二進数化「0101」
2番目の音の高さ→数値で読み取る「8.5」→近似値化:十進数「9」→二進数化「1001」
3番目の音の高さ→数値で読み取る「9.8」→近似値化:十進数「10」→二進数化「1010」
4番目の音の高さ→数値で読み取る「10.6」→近似値化:十進数「11」→二進数化「1011」

1番目から4番目までの音を二進数に置き換えると…「0101100110101011」となる。

CD、DVD、BD のしくみとちがい

デジタル化した情報を盤面に記録したものが、CD などの光ディスクです。CD はアルミニウムの層が、レーベルなどが印刷された層と、透明な層の間にはさまれています。

透明な層には、ピットとよばれる穴があり、穴のある場所とない場所で、デジタル情報の 0 と 1 を区別します。[図2]

図2　CDの構造

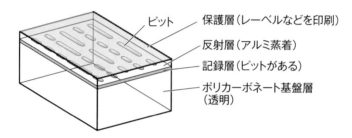

再生するときには、透明層の方向から光を当て、アルミニウム層から反射してきた光を読み取ります。ピットと、そうでないところの反射の仕方がちがうため、0 と 1 が区別できるというわけです。

読み取る光は、CD では波長が 780 ナノメートルの赤外線、DVD では 650 ナノメートルの赤色の光、BD では 405 ナノメートルの青紫色の光が使われています[3]。

光の波長が短くなるほど、情報が高密度で記録できます。同じ

※3：「1ナノメートル」は百万分の1ミリメートルです。

044

サイズの円盤なのに、BDが圧倒的に高容量なのは、そのためです。[図3]

図3 同じスケールで並べたときのピットの大きさ

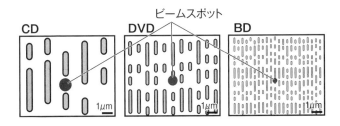

いつまで保存できるの？

CDが発売された1980年代には、100年以上保存がきくといわれていました。再生時に接触せず情報が読みだされれば、いつまでも保存できると考えられたのです。

ところが、意外と短い寿命であることがわかってきました。数年でダメになるケースもあります。それはアルミニウムが酸化され、細かな穴が開くことから起こります。

また、ブルーレイディスクは、透明層が薄いので、ＣＤ保存用の不織布ケースに入れておくと、凸凹が記録層を変形させ、やはり再生不能になってしまう場合もあります。

10 液晶テレビは
どうやって映像を映し出しているの?

ブラウン管テレビは東京オリンピックを経て急速に普及しましたが、今や薄型の液晶テレビが当たり前になっています。カラーの液晶テレビはどんなしくみなのでしょうか。

液晶とは

液晶は液体と固体の両方の性質を持つ物質です[1]。熱や電圧を加えると結晶の配列が変わり、光の透過、反射、散乱の状態が変化します。この性質を利用して、数字、文字、画像などを表示するディスプレイが開発されました。

液晶は、それ自体は発光しませんが、薄型で消費電力が少なくできることから、初めはモノクロで、電卓、電子時計用に商品化されてからカラー化されていきました。

色の三原色

液晶テレビの画面に目を近づけてよく見ると小さな点が碁盤の目のように規則正しく並んでいます。テレビの画面はこの小さな点(画素)の色と明るさを変えてつくられます。

人間がいろいろな色を認識できるのは、目の網膜上に赤、緑、青の光に対応したセンサーがあるからです。この3色に対応する光は強く感じ、その波長からずれた光は弱く感じます。

これらのセンサーに入る光の情報が脳に伝えられて処理され、

※1:液晶は、固体のようにしっかりと固まっているわけでも、液体のようにさらさら流れるわけでもなく、ドロドロした状態です。固体のように決められた形になることも、液体のようにいろいろな形になることもできます。結晶と液体の中間状態であることから「液

色を認識しています。

　赤、緑、青の３色は「光の三原色」とよばれ、この３つの光を等しく混ぜると白色になります。これらの光の組み合わせによって、さまざまな色をつくることができます。たとえば、赤と緑の光を混ぜると【Ｙ：イエロー（黄）】、緑と青の光を混ぜると【Ｃ：シアン（澄んだ青緑色）】、青と赤の光を混ぜると【Ｍ：マゼンタ（赤紫）】になります。

　高倍率のルーペで液晶画面を拡大すると、規則正しく並ぶ赤、緑、青の小さな窓が見えます。つまり、赤、緑、青の小さな窓はまさに光の三原色なのです。テレビの画面は、こうした画素の明るさや赤、緑、青の組み合わせを調節して、いろいろな色がつくられています。

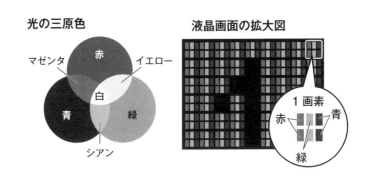

液晶テレビの基本的な構造

　液晶ディスプレイの中心となる部分は、≪カラーフィルター＋偏光フィルター＋［ガラス板＋透明電極＋液晶＋透明電極＋ガラ

晶」と名づけられました。

ス]＋偏光フィルター≫の8層からできています。

　メインは液晶で、ガラス板2枚は液晶の保護、透明電極は液晶の制御なので、[ガラス板＋透明電極＋液晶＋透明電極＋ガラス板]をまとめて液晶とする場合もあります。その場合は4層となります。

液晶ディスプレイの基本構造　（緑の場合）

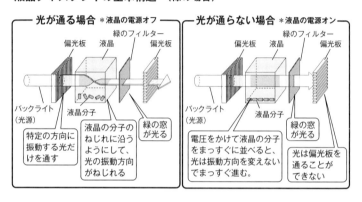

液晶が映像を映すしくみ

　光源から出る光はあらゆる方向に振動していますが、その光のうち、特定の方向に振動する光だけを通すフィルターが「偏光板」です。偏光板を通った光は、振動面が特定の方向に偏った光なので、「偏光」とよびます。

　液晶に電圧がかかっていないときは、液晶分子はねじれた状態で並んでいます。電源を入れてバックライトをつけると液晶分子

はねじれたままなので、バックライトの近くの偏光板を通った光は液晶でねじれ、表面近くにねじれて置いてある偏光板を通り抜けます。

液晶に電圧がかかったときは、液晶分子のねじれがなくなります。液晶を通った光もねじれがなく通り抜けてしまい、表面近くにねじれて置いてある偏光板を通り抜けられません。

表面近くには3つのカラーフィルターがあります。赤・青・緑のどの画素を光が通り抜けるかでいろいろな色になります。実際は3色それぞれの光量が変化しますので、混ぜた色はたくさんの色になります。

液晶テレビの特徴

液晶テレビの不利なところは液晶自体が発光しないため、常にバックライトをつけていなければならないことです。かつては、バックライトに冷陰極管（簡単にいえば蛍光灯のようなもの）が使われていましたが、現在では白色LED（発光ダイオード）に変わり、省エネが進んで長寿命化しました。

また液晶のねじれが元に戻ることを利用して光が通る・通らないをコントロールしているので、動作速度が遅くなり、動きの速い映像に対して残像感があったりします（ただこの点はだいぶ改良されてきました）。

ドットが構造的に何層にもなっていることで正面から見ないときれいに見えず、視野角にも難点があります。ただこの点は、のぞき見される心配が減るというよい面でもありますね。

11　4Kテレビはどのくらいきれいな画質なの?

最近になってよく聞くようになった「4Kテレビ」。さらに先には「8Kが待っている」なんていう話もあります。地上波デジタルのテレビや昔のアナログテレビと何がちがうのでしょうか?

次々に現れる新規格

アナログテレビやVHSのビデオが消え、地上波デジタルが普及し、DVDからブルーレイ、そして4Kへと、私たちを取り巻く画像環境は大きく変化しています。

家電売り場のディスプレイにも2K、4Kといったステッカーが貼ってあって、映画館に匹敵するような高解像度の画像を映し出しています[※1]。これらの規格は一体何が異なっているのでしょうか。また、購入時には何に気をつけたらよいのでしょうか。

テレビの画像規格

デジタル画像は、様々な色の点の集まりでできています。この1つひとつの点を「画素（ピクセル）」とよびます。また、画像の幅と高さを画素の数で表現したのが「画素数」です。

長らく普及していたアナログテレビの画質は、あまりよくありませんでした。日本のアナログテレビの映像をデジタル画像に換算すると720 × 480（ピクセル、以下略）で、この画素数はそのままDVDでも採用されています。

※1：映画館で上映に使われていた35ミリフィルムの画質は、デジタル画像に換算するとブルーレイ相当の横2000ピクセル程度だといわれています。

050

第1章 『リビング』にあふれる科学

それに対して、現在のデジタル放送（ハイビジョン）の画素数は 1,280 × 720（BS デジタル）〜 1,440 × 1,080（地上波デジタル）となっています。BS デジタル放送の一部やブルーレイ（Blu-ray）に収録されているフルハイビジョンの画素数は 1,920 × 1,080 で、これが現在主力の「フル HD」ともいわれる画質です。**横の画素数が約 2,000 あるので 2K ともよばれます**[2]。

この画質をさらに上げていることを検討しているのが **4K** とよばれるものです。画素数は 3,840 × 2,160 です。**1 枚の画像にふくまれる情報の量は、アナログテレビ時代の 100 倍近く**にまでなります。

なめらかさを示すフレームレート

1 秒間に何枚の絵を表示するかをフレームレートとよび、アナログテレビから 4K までは 60 フレームです。1 秒間に 60 枚の絵を表示していることを意味します。

しかし、アナログ時代は一度に多くの情報を送るのが難しかったため、画像を横縞状に奇数と偶数の 2 枚の絵に分け、交互に送っていました。この方式を「インターレース方式」といいます。

一方、互いちがいの半分の画像ではなく、完全な画像を表示するのが「プログレッシブ方式」です。現在、家庭用のビデオカメラはフル HD の 60 フレームプログレッシブ動画（1,080p とよばれています）に対応していて、非常に滑らかで高画質の動画を撮影できます。

家庭のテレビやブルーレイレコーダーはこうした様々な規格の

※ 2：「2K」や「4K」といった際の「K」は 1000 を表す用語で、それぞれ「2000」と「4000」を意味しています。

映像を変換しながら表示しているのですね。映像だけでなく音声の記録（エンコード）方式も、パソコン、デジカメ、ビデオカメラ、ブルーレイディスクでは相互に異なる場合があり、撮ってきたビデオが見えない、音声が聞こえない、などのトラブルの原因になることがあります。購入や接続前には、お手持ちの説明書を確かめましょう。

あまりに高画質な 4K と 8K

ちなみに現在開発が進められている 8K の画素数は 7,680 × 4,320、フレームレートは 120 です。**4K や 8K はあまりにも高画質すぎて、家庭に置けるサイズのディスプレイではもはや差がわからないのではないか**、といわれているほどです[3]。

従来、テレビがきれいに見える距離は画面の高さの 3 倍程度とされていました。具体的には 32 インチなら 6 畳間、42 インチなら 8 畳間程度が適当とされていました。

この計算ですと、50 〜 100 インチに相当する 4 K や 8K は、12 畳を超える大きな部屋がないと見られません。ですが、4K や 8K は、1 インチあたりの画素数も高くなっているので、画面の高さの 1.5 倍程度の距離でも鮮明な画像を楽しめるそうです。

なお、総務省や NHK を中心として、2020 年の東京オリンピックまでに 4K や 8K の放送環境を整備する計画も進んでいます。買い替えの際は、新規格の普及具合をじっくり見きわめて選びたいものです。

※ 3：8K ともなるとまるで写真のような画質です。展示会や NHK の放送博物館などで一足先に体験できますから、機会があったら見てみましょう。

第 1 章 『リビング』にあふれる科学

画像規格の違い

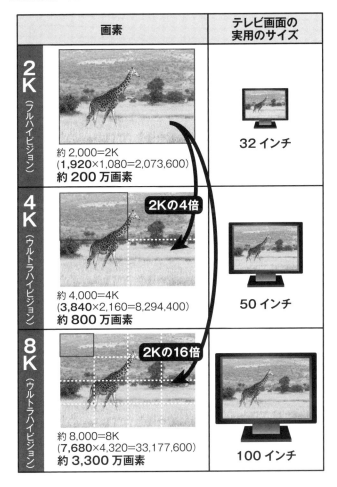

12 次世代ディスプレイの有機 EL って何？

> スマートフォンで使われるようになった有機 EL ディスプレイ
> は、ディスプレイ自体が発光するため、曲げられるほど薄くす
> ることが可能です。どんなしくみになっているのでしょうか。

EL と有機 EL

EL とは「エレクトロルミネッセンス（Electroluminescence）」
のことで、電圧をかけると発光する現象のことをいいます。つま
り、電気エネルギーを光エネルギーに変えることです。

LED が光るしくみも、同じくエレクトロルミネッセンスです。
有機 EL は、発光体自体に有機化合物を用いたものです。

発光の原理はホタルと同じ

ホタルが発光するのは有名ですね。ホタルは電気がないのに発
光しますが、それには酵素が使われていることと関係しています。

ルシフェリンというタンパク質をルシフェラーゼという酵素で
分解し、酸化ルシフェリンという物質を生成します。それが元に
戻るときに黄緑色の光を発するのです。

このときのエネルギー源は電気ではなく、ATP（アデノシン
三リン酸）という物質です。ATP はリン酸が3つ結合[1]してい
ますが、この結合を切ることでエネルギーが発生します。

有機 EL では、電流により励起された有機化合物（発光層）が、

※1：そのリン酸同士の結合を「高エネルギーリン酸結合」といいます。

054

励起状態からもとの基底状態に戻るときに放出するエネルギーで発光します[※2]。放出するエネルギーが光のエネルギーで出されるのです。つまり、有機 EL は、人間がつくり出した「ホタル」といえるわけです。

ディスプレイとしての有機 EL

液晶ディスプレイはバックライトが必要なため薄くつくるにも限界があります。

一方で、有機 EL は自ら光を発するため、液晶ディスプレイのようなバックライトのスペースが不要です。薄さの利点をいかし、様々な場所に応用できるのではと期待されています。

EL は自分で光を出します。そのため液晶とちがい、斜めから見ても画像が綺麗に見え、発光を止めればはっきりした黒色も表現できます。

使わない光を出さないため低消費電力となり、薄型化が可能なこともあってスマホへの応用が進んでいます。

※2：最低エネルギーの状態を基底状態とよび、それ以外の状態は励起状態とよびます。励起により、基底状態にあった固有状態は励起状態へ移ります。そして、もらったエネルギーを光として放出し、励起状態から基底状態に移ります。

極薄で単純な構造のため、プラスチック基板を使えば曲げることも可能です。丸めておいたテレビを見るときに開くことや、画面が曲面にできるなど、今までのテレビとは大きくちがうつくりにできるかもしれません。

小さなゴーグルの開発も考えられています。眼前を有機 EL ディスプレイで覆うように見せることで、視線の延長上に大画面があるかのようになるのです。ゴーグルの延長上に大きな世界が広がり、まるで 1 人用の映画館のようなイメージです。

光源としての有機 EL

有機 EL 照明は、電球や蛍光管、LED 照明と比べて輝度が低い一方で、大面積の発光面をつくりやすいのが特徴です。天井や壁の面全体を光らせるような照明や、曲面を持つもの、いろいろな形の照明パネルを自由に作ることが可能です。影を作らない照明など新しい照明のデザインが期待されます。

発光効率（電力当たりの光量）を高めることで、省エネと廃熱削減につながることが期待されています。

有機 EL の課題

発光層が有機化合物ですので、透過酸素による劣化、通電による劣化を受けて、輝度が低下する問題があります。

現在の寿命では、スマホなど比較的短期間で更新されるものには十分でも、本格的な実用化に向けては長寿命化が大きな課題といわれています[3]。

※3：有機 EL の寿命は、液晶の半分程度といわれています。

第2章
『掃除・洗濯・料理』にあふれる科学

13 ロボット掃除機の頭脳はどうなっている?

> ロボット掃除機は障害物を避け、階段があっても落ちずに部屋の中を掃除して、終わるときちんと所定の場所に戻ってきます。かしこさの秘密はどこにあるのでしょうか。

ロボット掃除機には2つのタイプがある

人工知能を搭載した最近のロボット掃除機には大きく2つのタイプがあります。

1つ目は、行き当たりばったりで動いているように見えるタイプです。このタイプは、障害物にぶつかるたびに進路を変えて移動し、真っ暗闇の中で人が手探りで部屋の様子を探るようにしておおよその場所を把握します。

一見するとランダムに動いているように見えますが、動きながら場所を把握し、同じ場所を何度か通るようにしてもれのないように動きます。

2つ目は、あらかじめ部屋の大きさや様子を把握し、「地図」をつくった上で人工知能が移動経路を考えて動くタイプです。

このタイプは、まるで意志を持っているかのように直線的に部屋を移動して、効率よく掃除をします。したがって、このタイプの方が掃除の時間は短くなります。

手探りでおおよその場所を把握するタイプ

　現在発売されているロボット掃除機の多くは、手探りで場所を把握するタイプです。

　このタイプは、タッチセンサーや障害物に近づいたことを感知する超音波センサー、赤外線センサーなどを使って、壁や障害物に近寄ったりぶつかったりしながら方向を変えて部屋の様子を探ります。条件反射的に動くのが特徴です。

　そして、距離センサーが進んだ距離、ジャイロセンサーが回転角度を感知することによって自分がいる場所を把握します。また、車輪がスリップした場合には加速度センサーがそれを検知し、走行距離を補正します。

　手探りで場所を把握しながら、例えば、イスの脚にぶつかった場合にはイスの脚の周囲をひとまわりするなど、人工知能が状況に応じて判断しながら掃除をすることになります。

ロボット掃除機には２つのタイプがある

手探りでおおよその
場所を把握するタイプ

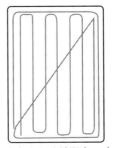

あらかじめ地図をつくる
タイプ

あらかじめ地図をつくるタイプ

　このタイプのロボット掃除機に使われているのは SLAM^{※1} とよばれる技術です。

　SLAM とは地図の作製（マッピング）と自分がいる場所の把握（ローカリゼーション）を同時に行うことによって、人工知能が自分自身で動きを制御する技術です。

　具体的には、光学カメラで部屋の天井や壁を撮影したり、レーザーや超音波、赤外線などを周囲に射出し、その戻り具合によって壁までの距離を計測するなどして部屋の地図をつくります。その地図をもとに、人工知能が効率的な移動方法を考えて動くのです。

　このため、まるで意思を持っているかのように、部屋を直線的に動いて掃除をします。

　ただし、地図はあくまでもおおよその地図なので、イスの脚などの障害物に当たることもあります。その場合には、手探りで場所を把握する先のタイプと同じように、イスの脚をぐるっとひとまわりするなどの動きをすることになります。

　つまり、手探りでおおよその場所を把握するタイプに、地図をつくる機能が付加されたタイプの掃除機といえます。

ロボット掃除機が階段から落ちないのはなぜ？

　ところで、ロボット掃除機が階段から下に落ちないのはなぜでしょうか。その理由は、掃除機の底に下向きに付けられた赤外線センサーにあります。このセンサーが床までの距離を測定し、階

※１：Simultaneous Localization and Mapping の略です。

第2章 『掃除・洗濯・料理』にあふれる科学

段や玄関のふちを検知しているのです。

赤外線センサーは床の凹凸も検知できるため、フローリングとじゅうたんのちがいも認識します。じゅうたんの上に行くと自動的に吸引力が高まるのは、赤外線センサーのおかげです[2]。

またゴミの多い場所に行くと、まるでゴミを見つけたかのように吸引力がアップします。しかしロボット掃除機は、カメラなどの「目」でゴミを見つけているわけではありません。

吸い込み口についている光センサーによってゴミの通過を感知したり、ゴミが吸い込まれることによって生じる音（周波数）の変化を感知するなど、**ゴミを吸いこんでから「ゴミがあるな」と感知する**わけです。

ロボット掃除機は、掃除が終わると自分でドック（充電器）まで戻ってきます。これもセンサーの働きによるものです。

ドックから赤外線が出ており、その赤外線を頼りに戻ってきます。この赤外線は灯台の光のような役割といえるでしょう。

このように、多彩なセンサーの働きによってかしこく掃除をしてれるロボット掃除機ですが、センサー部分の掃除は人が小まめにやってあげる必要があります。

※2：赤外線センサーは、黒色（赤外線を吸収する）や透明（赤外線が通過）なものに対しては距離を正確に認識しにくいという弱点があります。このため、黒い壁やガラスなどには衝突する場合があります。

14 洗濯洗剤は多く入れても効果がない?

汚れが多い洗濯物をたくさん洗うときは、つい洗剤も多く入れてしまいませんか。ところが洗剤は多すぎても少なすぎても期待する効果が得られません。適量で使うことが大事です。

衣類の油汚れを落とすしくみ

「水と油の仲」ということばがあるように、この両者はなじまず、はじき合う性質があります。衣類の汚れ落としにも、皮脂などの油性の汚れは水だけではきれいに落ちません。それを落とすのが洗剤の主成分である**界面活性剤**です[※1]。

界面活性剤はマッチ棒のような形をしており、**ひとつの分子の中に水とよくなじむ「親水基」と、油とよくなじむ「親油基」という成分があります**。この界面活性剤が、はじき合う水と油をなじみやすくするのです。

油となじむ棒状の部分(親油基)が油分に近づくと、次々と汚れにくっついて取り囲みます。一方で水となじむ親水基は、水と結びついて汚れや繊維のすき間に水がしみ込むようにはたらき、汚れが衣類からひきはがされます。汚れは界面活性剤におおわれているため、衣類に戻ることができなくなります。

ひきはがされた汚れは、界面活性剤のはたらきで細かい粒にされ、すすぎで流されます。

これが界面活性剤による汚れ落としのしくみです。

※1:物質と物質の境目を「界面」といいます。その界面を変化させるものを「界面活性剤」といい、代表的なものに石けんがあります。石けんは油脂と水酸化ナトリウム(苛性ソーダ)などを反応させて作られます。

界面活性剤が汚れを落とすしくみ

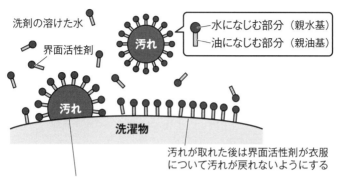

界面活性剤は濃度が大事

　界面活性剤はある濃度に達すると、親油基どうしがくっついて「ミセル」という集合体をつくります。ミセルは内側に油汚れを取り込むため、ミセルが増えることで洗浄力が高まります。

　ところが包み込めないほど洗剤の量が少ないと、うまく汚れが落とせません。節約しようと思って洗剤を減らしすぎると、界面活性剤の本来のはたらきが得られず、衣類の黄ばみや黒ずみ、臭いの原因にもなります。

　ある一定の濃度までは、洗剤量と比例して汚れ落としの効果は急速に高まります。

　一方で、一定の量を越えて入れすぎると、こんどはそれ以上洗

剤を入れても効果はほとんど変わらなくなります。

　汚れの中には界面活性剤のはたらきだけでは落ちない汚れもあります。それに対して界面活性剤の量だけをいくら増やしても汚れは落ちません。汚れをあまり取り込んでいないミセルがたくさんできてしまうだけになってしまいます。

　多く入れすぎた洗剤はもちろん無駄になりますし、洗剤が多いことですすぎが長くかかり、余計な水や時間を使うことになりますね。

　洗剤のパッケージには、洗濯物の量や洗濯機に入れる水の量に応じて洗剤量の適量が表記されています。使用前によく確認し、容量を守るようにしましょう。

汚れのひどい部分は別に落とす

　衣類の汚れはすべての箇所に同じようについているわけではありません。襟や袖口のように部分的に汚れのひどいところは、先に洗剤をつけて手やブラシでもみほぐすことで、洗濯機にかけたときに汚れがはがれやすくなります。

　また食べこぼしや血液のようなタンパク質系の汚れがある衣類は、洗濯機に入れる前にタンパク質分解酵素をふくんだ洗剤をぬるま湯に溶かしてしばらくつけおきしておけば、界面活性剤とはちがうしくみで汚れを落とす効果が得られます[2]。

　洗剤には酵素以外にも洗浄効果を高めるための補助的な成分がいくつかふくまれています。汚れによって酸性に傾きやすい洗浄

※2：酵素については、次項を参照してください。

064

液を適正に保ってくれる**アルカリ剤**や、洗浄の妨げになる水の中のミネラル分をブロックしてくれる**水軟化剤**、いったん落ちた汚れが衣類に戻るのを防いでくれる**分散剤**（再付着防止剤）などです。こうしたさまざまな成分の総合力で衣類の汚れを落としているのです。

節水型の洗濯機には注意が必要

洗剤の計量について、ひとつ注意点があります。それは最近増えているドラム式洗濯機などの節水型洗濯機を使用する場合です。

これまでの計量用具は、洗濯物の重量から、使われる水の量を基準に洗剤の量を表示していました。ところが**節水型洗濯機で水の量を基準に洗剤を入れると、洗濯物の量に対して洗剤量が少なくなってしまう場合があります**。

このため最近の洗剤のパッケージには「一般」「ドラム式」と分けて適量が記載されています。節水型洗濯機の場合は、水の量ではなく、洗濯物の量を基準にするよう表示が改められたためです。

洗濯物が何キログラムかを毎回はかって洗濯するのは大変ですが、何度かはかると目安がわかると思います。

「節水型洗濯機の場合は、洗濯物の量を基準にして洗剤量を決める」と覚えておくことで、効果的な汚れ落としができるようになります。

15 酵素入り洗剤は
ふつうの洗剤と何がちがうの?

> 汚れを落とす洗剤の主成分は界面活性剤ですが、洗濯用の洗剤などで「酵素入り」を強調した製品をよく見かけます。酵素は汚れ落としにどのような効果があるのでしょうか?

界面活性剤とはちがう酵素のはたらき

前項で説明したように、洗剤の主成分である界面活性剤は、油になじみやすい部分と水になじみやすい部分の両方を持っています。油と結びつきやすい部分が油性の汚れにくっつくことで、洗う物からひきはがしてくれました。

それに対して酵素は、**汚れが水の中で化学的に分解し細かくなることを助けてくれるはたらきがあります**[1]。私たちが食べ物をとると消化酵素がはたらいて、食べ物を消化分解してくれます。これと同じように、酵素は洗濯槽の中で汚れを細かく分解することで汚れが衣類からはがれやすくするはたらきがあります。界面活性剤が汚れをひきはがす作業を楽にしてくれるのです。

酵素は油(脂質)だけではなく、タンパク質やデンプン、中には汚れではなく衣類の繊維に対してはたらくものもあります。

汚れの種類に応じて酵素もいろいろ

酵素はそのはたらきによって、**タンパク質分解酵素**(プロテア

※1:こうした化学反応が起こりやすくなる物質のことを「触媒」といいます。反応の前後で自分自身は変化しない特徴があります。

ーゼ）、**脂質分解酵素**（リパーゼ）、**デンプン分解酵素**（アミラーゼ）、**繊維分解酵素**（セルラーゼ）などの種類に分かれます。

脂質分解酵素は油汚れや体から出る皮脂の汚れに、タンパク質分解酵素は血液やミルクなどの汚れに、デンプン分解酵素は食べ物などの汚れに威力を発揮します。

少し考え方がちがうのが繊維分解酵素で、これは綿や麻などの植物性の繊維のすき間に深くもぐりこんだ汚れを、繊維を傷めない程度にほぐして緩めることで取り出すはたらきをします。ほかにも繊維の表面の細かい毛羽立ちを取り除き、衣類の色の鮮やかさを保ったり黒ずみをなくす効果もあるようです。

酵素入り洗剤はこう使えば効果的

酵素の効果をうまく引き出すためには、いくつか知っておくとよいことがあります。

まず冷たい水よりは**温かいお湯のほうがはたらきがよくなる**ということです。ただし酵素はそれ自身もタンパク質ですから熱湯のような高温では固まってしまいます。また汚れがタンパク質系の汚れの場合は、汚れの成分も固まってしまい、繊維へのこびりつきがより強くなってしまう可能性があります。最適な温度は36〜37℃ぐらいの場合が多いようです。

強い酸やアルカリにも弱く、中性に近い状態で最も力を発揮します[2]。

また汚れの分解は瞬時に終わるわけではありませんから、ふつうに洗濯するだけでは時間が短すぎて十分に分解が進みません。

※2：ただし最近は、アルカリ性の洗濯液でも効果が発揮しやすいようアルカリに強い酵素を生産する微生物の発見、培養なども進んでいるようです。

酵素の特性をいかして洗濯をするなら、お風呂の残り湯に洗剤を溶かし、**30分から1時間ほどつけおきしてから洗うとより高い効果が期待できる**でしょう。

酵素の種類と対応する汚れ一覧	
プロテアーゼ（タンパク質分解酵素）	垢汚れ、血液、ミルクなどタンパク質を多くふくむ食物の汚れ
リパーゼ（脂質分解酵素）	皮脂、油脂をふくむ食物の汚れ
アミラーゼ（デンプン分解酵素）	カレールー、ミートソースなど小麦粉を使った食物やかぼちゃスープなどデンプンを多くふくむ食物の汚れ
セルラーゼ（セルロース分解酵素）	木綿繊維の奥に入り込んだ汚れ（繊維のほうに働きかけて緩めることで落とす）

弱点も知って使いこなそう

　タンパク質分解酵素が入った洗剤はウールやシルク製品の洗濯には向いていません。綿や麻など多くの繊維は植物からできていますが、**ウールやシルクは動物性のタンパク質からできた繊維のため、酵素の作用が繊維そのものを傷めてしまうおそれがある**からです。

　これらの製品を洗うときには、タンパク質分解酵素が入っていないおしゃれ着用などの洗剤で洗うほうが風合いを損なわずに済むでしょう。

　また、動物性たんぱく質の繊維製品の簡易な汚れ落としはシャンプーで代用することもできます。人間の髪の毛も動物性タンパク質でできていて、ウールやシルクと性質が近いのです。

第2章 『掃除・洗濯・料理』にあふれる科学

16 電子レンジはどうやって食べ物を温めているの?

電子レンジは火を使わずに食品を温めることから、発売された当初は「夢の調理器」といわれました。毎日使うことの多いレンジのしくみを見てみましょう。

電子レンジのしくみは?

電子レンジは「マイクロ波」という電波を当てることで食品を温めます。どうして電波を当てると温めることができるのでしょうか。その鍵は、食品中にふくまれる「水」にあります。

ほとんどの食品中には多かれ少なかれ水がふくまれています。この水は個々の分子レベルで見ると、分子内にプラス(+)とマイナス(−)の電気の偏りがあります。

電波を照射すると、このプラスとマイナスの電気が反応した結果、水の温度が上昇し、まわりの水以外にも熱が波及して食べ物が温められるというわけです。

物質にはそれを構成する原子・分子があり、それらは運動・振動・回転などをしています。「熱い」ということはこれらの運動が激しいということです。これを熱運動とよんでいます。

食品などを熱するには、その食品の分子を激しく振動させればよいということです。この原理を電子レンジは使っているのです。

電子レンジのしくみ

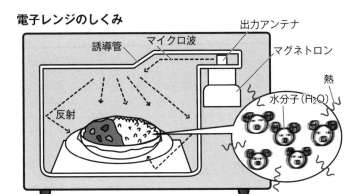

1秒間に24億5000万回の振動で熱する

電子レンジの電波（マイクロ波）を出す装置を「マグネトロン」といいます。発生する周波数（振動数）は2.45ギガヘルツで、水の振動しやすい周波数が選ばれています。このマイクロ波につられて1秒間に24億5000万回もの振動が起きます。そのため、水がふくまれている食品の温度が上昇します。

ちなみに、水をふくまない空の陶器のお皿や空のガラスコップなどをチンしてもほとんど温かくなりません。陶器やガラスなどの分子は水分子のようにプラス・マイナスがありませんので、マイクロ波に反応せず、熱運動が起こらないからです[1]。

また、電子レンジに氷を入れてチンしても、思ったほど温度が上がらずあまり融けません。氷は固体のため、水分子同士の結びつきが強くなっています。そのためにマイクロ波による振動が鈍くなるからです。

※1：なお、水分のない、乾いた食べ物も温めることはできません。

かしこい使い方 と注意点

　電子レンジを使って水を加熱することにより、その周囲も熱せられて、簡単に除菌することができます。

　自宅でヨーグルトなどを作る場合、容器の除菌をきちんとしないと雑菌が繁殖して失敗することがあります。使用するタッパー容器などに水を少しつけて電子レンジで加熱して除菌しましょう。スポンジやまな板も水を少しふくませれば電子レンジで同様に除菌できます。

　電子レンジで加熱してはいけないものもあります。

　生卵は電子レンジで加熱してはいけません。マイクロ波は卵の内部にまで浸透して黄身にある水を温めます。しかし、黄身のまわりには白身と殻があり、内部で高温となって水蒸気になった水は逃げ場がありません。そのため、内部の圧力が高まり、爆発することがあるのです。

　ドライアイスも爆発することがあります。ドライアイスは二酸化炭素でできており、二酸化炭素は分子にプラスとマイナスの電気的な偏りがありません。したがって通常は電子レンジでは温まりません。しかし、低温であるドライアイスには霜である水などが内部や表面に付着していることがあります。電子レンジで温めると、その水が溶けて高温となり、ドライアイスが気化します。そのために爆発することがあるのです。

　また、金属は発火の恐れがあるため、電子レンジ内に入れてはいけません。

17 冷蔵庫はどうやって冷やしているの？

食料を長く保存するのに欠かせないのが冷蔵庫ですね。一方で冷蔵庫のまわりは少し熱を発しています。どんなしくみで庫内を冷やしているのでしょうか。

昔の冷蔵庫

国産第1号の電気冷蔵庫が発売されたのは1930年（昭和5年）です。当時は「冷蔵器」とよばれていました[※1]。価格は当時のお金で標準価格720円と、小さな家が1軒建てられるほど高価でした。それまでの冷蔵庫は、大きな氷の塊を入れて保冷する「氷冷蔵庫」で、氷は毎日氷屋さんから購入していたのです。そのため夏の暑い時期に一部の家庭だけが利用するものでした。

現在の冷蔵庫は、もちろん氷を入れなくても冷えますね。そのうえ、氷をつくることもできます。では、どのようなしくみで冷やしているのでしょうか。

温度を下げるには液体を気化させる

予防注射をする前にアルコール消毒すると、肌がひんやりと冷たく感じるでしょう。液体であるアルコールが肌から蒸発し、気体として空気中にでていくとき、まわりの熱を奪うためです。夏に打ち水をすると気温が下がるのも同じ現象です。

このように、液体から気体になるときに、熱（気化熱）を奪っ

※1：日本初の電気冷蔵庫は、当時の芝浦製作所（現 東芝）が発売しました。1935年には圧縮器や凝縮器を備えた冷蔵庫が発売され、この頃から「電気冷蔵庫」とよばれるようになりました。

てまわりを冷やし、逆に気体から液体になるときは、まわりに熱を出して周囲を温める現象を冷蔵庫は利用しています。

さらに、断熱圧縮や断熱膨張という現象も活用されています。気体を圧縮すると温度が上がり、膨張させると温度が下がる現象です。

熱の運搬をする冷媒

それでは、実際の冷蔵庫を見てみましょう。冷蔵庫の中には、冷媒[※2]が入ったパイプがはりめぐらされていて、冷蔵庫内外をぐるぐるまわっています。

液体冷媒が冷蔵庫の中の熱を奪って気体になります。このとき冷蔵庫内は冷やされます。さらに気体冷媒はパイプの途中の圧縮機に集められ、圧縮されて液体になります。そのときに冷媒の温度が上がり、まわりに熱を出します。このサイクルをくり返して冷蔵庫内の温度は下がり、冷蔵庫の外では放熱しているのです。

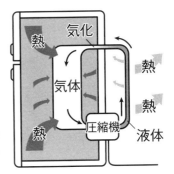

※2：冷媒とは、熱を運ぶ役割をもつ物質のことで、常温では気体（ガス）です。圧力をかけると液体になり、液体が気化するときにまわりの熱を奪う性質を利用して温度をコントロールします。

フロンの終焉とノンフロン冷蔵庫

　これまでの冷蔵庫には、冷媒として「フロン」が使われていました。フロンは、燃えにくい、変化しない、液化しやすい、毒性が低いなどという特徴があります。

　フロンは電子部品の洗浄や金属部品などの洗浄剤、スプレーのガスなどに幅広く使用されていました。

　しかし、大気中に放出されると成層圏まで上昇し、紫外線で分解され、オゾンと反応してオゾン層を破壊すると考えられることから、使用することが厳しく規制されました[※3]。

　そこで、オゾン層を破壊しない代替フロンが開発されました。ところが、代替フロンは地球温暖化の主な原因とされる二酸化炭素の数百から数万倍の温室効果があります。

　こうしたことから、最近売られている家庭用冷蔵庫のほとんどは、オゾン層を破壊せず、温室効果が二酸化炭素とほぼ同等の性質をもつイソブタンという冷媒を使っています。また、庫内の冷気を保つために使われる断熱材の素材（断熱材発泡剤）も、シクロペンタンというノンフロン素材が使われています。これが現在の「ノンフロン冷蔵庫」です。

ノンフロン冷蔵庫には、「ノンフロンマーク」を表示することが定められています。
購入の際に確認してみましょう。

※3：日本では特定フロンは1995年に全廃、断熱材発泡剤の代替フロンは2003年末に全廃となりました。

第2章 『掃除・洗濯・料理』にあふれる科学

18 「焦げつかないフライパン」を使うとなぜ焦げないの？

最近のフライパンは、焦げつかないのでとても便利なものが多くなっています。中でも有名なのはフッ素加工のものですね。なぜ焦げつかないのでしょうか。

そもそも焦げつきはなぜ起きる？

フライパンは乾いているように見えても、じつは表面にごくわずかな水分が残っています。これを**吸着水**といいます。

フライパンに食品を載せると、吸着水は食品中の水分と接触します。すると、食品中の水分とくっついていたたんぱく質や糖がフライパンの吸着水とくっつきあいます。この状態で加熱を続けると、吸着水にくっついたたんぱく質や糖が固まってしまいます。これが焦げつきの原因です。したがって、フライパンの吸着水と食品が触れなくなるような加工をすれば食品が焦げつかない、ということになります。

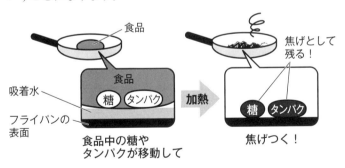

075

ちなみに、ふつうのフライパンでは油をひいてから加熱しますが、これは食品中の水分と吸着水の間に油の層を作りだし、直接触れることを防いでいるのです。

フッ素樹脂とは

　フッ素加工に使われている素材は、フッ素樹脂とよばれるものです。フッ素樹脂といえば、世界で最初に開発されたケマーズ社（旧デュポン社）の「テフロン」が有名ですが、ほかにも多くの種類があります。いずれも、炭素原子がたくさん連なった鎖に、たくさんのフッ素原子がブドウの房のようにつながっています。

　フッ素加工のフライパンでは、このフッ素樹脂をアルミニウムや鉄でできたフライパンの上にコーティングしたり、混ぜ込んだりしています。

　フッ素樹脂の特性は、ほぼすべての化学薬品に対して安定な**耐薬品性**、摩擦が起きにくい**低摩擦性**、水をはじく**撥水性**などがあります。水をはじくためフライパンの表面から吸着水がなくなるとともに、食品とフライパンが直接触れることがなくなります。そのため焦げつかなくなるというわけです。

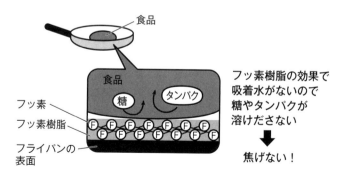

第2章　『掃除・洗濯・料理』にあふれる科学

フッ素樹脂はその多くの性質を利用し、フライパンだけではなく、鍋や炊飯器、電気ケトル、ホットプレート、電気ケーブルの被膜、傘、衣服など、さまざまなものに使われています。

安全に長持ちさせる使い方

フッ素加工されたフライパンは、使用にあたって3つの点に注意する必要があります。

①空焚きはしない、②熱いフライパンを急に冷まさない、③角のとがったヘラを使わない、ということです。

空焚きをしてしまうと、加工に使われたフッ素樹脂が分解されて、ガスが発生したり、樹脂が融けてしまうおそれがあります。

また、急に冷やしてしまったり、角のとがったヘラを使ってしまうと、表面がひび割れたり傷ついたりしてフッ素樹脂がとれてしまいます。

心配なのは、こういったフッ素樹脂のかけらやガスは人体に害がないのか、ということですね。

フッ素樹脂はとても反応しにくい物質で、体内で分解も吸収もされません。そのため口に入れてしまってもそのまま排泄されます。

ガスは大量に吸い込むと有害で、インフルエンザのような症状を引き起こすことが知られています。ただし260℃以下で使えばガスそのものが発生しないため、空焚きしなければ問題ないでしょう。

077

19 圧力鍋は なぜ短時間でおいしく調理できるの?

短時間でおいしく調理ができる圧力鍋や圧力釜は食卓の強い味方ですね。圧力をかけて調理をするしくみを見てみましょう。

沸騰はどのようにして起こる?

圧力鍋が威力を発揮するのは、煮物をするときやお米を炊くときなど、水を沸騰させる調理をするときです。ここで圧力鍋の説明をする前に、「沸騰」のしくみについて解説しましょう。

水の分子は、水素原子2つと酸素原子1つが結合して構成されています。

水を温めると、この水分子の運動が激しくなります。液体だった水分子はしだいに気体の水蒸気となって、水の中から飛び出していきます。

このように、液体が気体になる現象を「蒸発」とよび、飛び出した水分子がぶつかった鍋のフタやカベが受ける圧力を「蒸気圧」といいます。

温度によって水分子の運動の激しさがちがうので、飛び出せる水分子の数も変わります。つまり、蒸気圧の値も変わります。この、温度によって決まる蒸気圧の最大値を「飽和蒸気圧」といいます。**飽和蒸気圧が大気圧と等しくなったとき、沸騰が起こる**のです。

※1:「水蒸気」という気体は透明で目に見えません。沸騰のときに出る白い湯気は、水蒸気が周囲の空気で冷やされたもので、水の粒に戻った液体状態のものです。

沸騰が起こると、水の内部から盛んに泡が出てきます。この泡の中身は水蒸気です[※1]。

沸騰とは、水の表面からの蒸気以外に、水の内部からも水蒸気が泡となって出てくる現象をいいます。このとき水の内部には大気圧と同じ大きさの圧力がかかっていることになります[※2]。

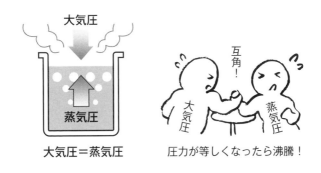

大気圧＝蒸気圧　　　　　圧力が等しくなったら沸騰！

圧力鍋はどのようにして効果を発揮する？

一般的な鍋のフタは、熱を逃がさない、水分を逃がさない、ほこりが入るのを防ぐ、といった役割を果たしています。ただ、鍋とフタのすき間や穴からは、水蒸気が漏れてしまいますね。

これに対して、圧力鍋のフタは完全に水蒸気をおさえ込みます。蒸気が外に出られなくなり、鍋の中でどんどん圧力が増していきます。つまり、水蒸気をおさえ込むこのフタが、大きな役割を果たしているのです。

フタで密閉された圧力鍋で水を熱すると、水は100℃になって

※2：このように、水の沸点は大気圧によって変わります。例えば、気圧の低い富士山の山頂では約88℃で沸騰します。水を圧迫する圧力が低い場所（気圧の低い場所）では、水は低い温度で沸騰します。

も沸騰しません。**100℃を超える高い温度で沸騰するようになります**。

　温度が高ければ高いだけ水分子の運動は激しくなります。そのため、ふつうの圧力で水が沸騰する100℃よりも高い圧力で沸騰を起こすことができるようになります。

　圧力鍋の特長は、鍋の中を高い圧力にすることで、高圧・高温での調理を可能にしているところにあります。通常の大気圧（1気圧）の約1.5倍の圧力（1.5気圧）をかけ、120℃前後で沸騰させる商品が多いようです。

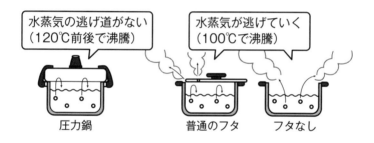

圧力鍋に適した料理は？

　通常100℃で煮込むところを約120℃で煮込むことで、どんなメリットがあるのでしょうか。

　高温・高圧で調理をすると、短時間で隅々まで火が通ります。とくに芯がある固い食材や、煮込むのに時間がかかる料理には効果的です。蒸気が逃げにくいため、少ない水分量で煮込むことも

可能です。また、短時間で調理ができることで、素材ほんらいの栄養成分の流出が少なくて済みます。もちろん、短時間での調理は省エネにもつながりますね。

圧力鍋に適した料理は、カレーやシチューのような煮込み料理はもちろん、柔らかくなりにくいブロック肉の調理、根菜類を使う豚汁やブリ大根などもあげられます。おいしくお米を炊くのにも使えます。

このように圧力鍋は、沸騰させる調理全般に活用することができます。

なお、気体を大量に発生する重曹や揚げ物は、高温・高圧になりすぎて危険です。膨らんだり泡立つもの（例えばパスタなどの麺類）や、身が縮んでしまう貝類、きんぴらごぼうのような歯ごたえを楽しみたい料理にも使わないほうがよいでしょう。

種類	例
ブロック肉を使うもの	豚の角煮、チャーシュー
根菜類を使うもの	豚汁、ブリ大根
豆を使うもの	五目豆、赤飯
スープの多いもの	シチュー、カレー
その他	ふかし芋、骨まで食べたい魚など

（圧力鍋に適した料理）

種類	例
歯ごたえを楽しむもの	きんぴらごぼう、葉物野菜
炒めご飯	チャーハン、バターライス
麺類	パスタ
揚げ物	天ぷら

（圧力鍋に適さない料理）

20 IHクッキングヒーターはどうやって鍋を加熱するの?

> 火を使わないIHクッキングヒーター[※1]は、お年寄りや小さな子どものいる家庭でも安心して使えますね。そのしくみのポイントは「渦電流」による発熱です。

どうやって加熱する?

火がないのに鍋を加熱できるのは、鍋が発熱するからです。その発熱は、鍋の底に渦電流が流れることで生じます。

物は電流が流れると発熱します。例えば、電流が流れている家庭のコードでもわずかに発熱しています。電気製品のところではもっと発熱しています。電流が流れると発するこの熱を「ジュール熱」とよんでいます。

それでは、クッキングヒーターの鍋を置くだけで、どうして鍋の底に渦電流が流れるのでしょうか。

そこに登場するのは「電磁誘導」という現象です。クッキングヒーターの内部には太い鉄芯に巻かれたコイルが入っています。鉄芯に巻いたコイルに電流を流したものは電磁石です。コイルに電流が流れると電磁石になり、そのまわりに磁気が働く空間である磁場(磁界)ができます。

このときの磁場は毎秒約6万回で強くなったり弱くなったりして変化しています。変化している磁場の近くに金属板(鍋の底)があると、そこに渦電流が流れます。こうして発熱するのです。

※1:IHとはInduction Heatig(誘導加熱)の略です。IHクッキングヒーター(電磁調理器ともいう)とは、電磁誘導によって電流を発生させ、その電流によるジュール熱で加熱する調理器のことです。

IHヒータのしくみ

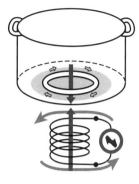

下部のコイルの電流が上部の鍋の素材の中に渦電流を流す。

右下の波にマークは高周波電流の電源を示す。

1秒間に6万回の振動を起こしている

起こっている電磁誘導をもう少し詳しく説明しましょう。

下の左図のように、コイルに磁石を近づけると電流が発生します。コイル内で磁場が変化するためです。この現象を電磁誘導といい、そのとき流れた電流を誘導電流といいます。また右図のように、磁石の代わりに、別のコイルに外部電池で電流を流しても同じ現象が起きます。

電磁誘導の原理

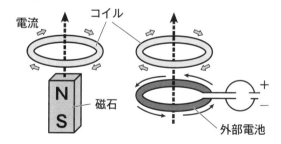

大切なことは、コイルのまわりで磁場の大きさや方向が「変化」することで、いくら大きな磁場でも一定のままでは何も起きません。

　クッキングヒーターでは毎秒約6万回も振動する高周波を使っているため、効率よく誘導電流が発生します。そして、磁場の変化を受け取るものが金属板の場合は、渦状の電流、つまり渦電流を作ります。これが結果として熱に変わるというわけです。

熱効率がよく、安全性が高い

　コンロで「火」を使った調理は、空気を通して熱を鍋に伝えています。そのため、熱が周囲に逃げやすくなります。

　ガスコンロの熱効率は約40〜50％で、半分ほどのエネルギーしか伝わりません。一方で、IHヒーターは熱効率が約90％と高いことが特徴です[2]。炎が出ないため油などへの引火の危険がなく、安全性も高いです。ガスを使わないため換気の手間も減ります[3]。

　ただし、温めた後のプレートは鍋の熱で熱くなっているため注意が必要です。また使用する鍋は渦電流を起こしやすい材質であることが必要です。鍋を購入する際にIH対応かしっかり確認をして下さい。なお、金属の食器、アルミ箔、指輪なども加熱されますので、ヒーターの上には置かないようにしましょう。

　弱火で安全に長時間使えるのはIHヒーターの利点ですね。シチューをじっくり作ったり、スープ、味噌汁を沸騰させないで保温しておく場合などに向いています。

※2：ただし、熱効率は機械的な構造に関する実験室的な量で、実際に食用する部分に対するものではありません。また気温湿度などの条件で変わりますので、数字は目安です。

第2章 『掃除・洗濯・料理』にあふれる科学

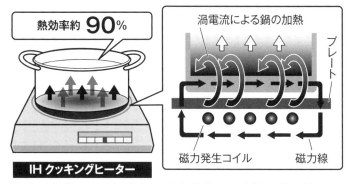

IHクッキングヒーターは、鍋やフライパンなどの底に直接熱を伝えるため、無駄なく熱が通ります。火を使わないことから安全性も高いといえます。

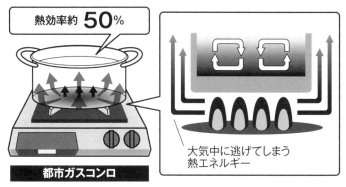

ガスコンロは熱が様々な方向に逃げるため、約半分のエネルギーしか鍋に伝わりません。

※3：食材自体からの放出物（水蒸気、油、炭酸ガスなど）や、空気が熱せられたことによって発生する窒素酸化物がありますので、換気が不要にはなりません。

第3章
『快適生活』
にあふれる科学

21. 日本の硬貨には どんな金属が使われているの？

金属は、硬貨やはさみ、鉄橋やビルなど私たちの生活になくてはならない存在です。なかでも鉄は、全金属の9割以上を占め、「産業の米」ともいわれています。

金属がもつ3つの特性

元素周期表には現在118種類の元素が並んでいます。その約8割は金属元素です。金属元素だけからできた物質のグループを金属といいます。

金属には、**特有の光沢（金属光沢）をもつ**、**電気や熱をよく通す**、引っぱれば延び、たたくと広がる**延展性がある**といった、3つの共通の特性があります。

例えば色について、金属元素であるカルシウムやバリウムは何色をしているでしょうか。正解は、ともに「銀色」です。金属がもつ金属光沢のほとんどは銀色で、例外は金の金色や銅の赤がね色です。カルシウムやバリウムは白色のイメージをもつ人が多いですが、「〇〇カルシウム※1」、「〇〇バリウム※2」といった他の元素との化合物が白色だからで、金属そのものは光沢をもちます。

金属のさまざまな分類

金属は、見方によっていろいろな分類ができます。

※1：たとえば炭酸カルシウムなど。
※2：たとえば胃のX線検査で飲む硫酸バリウムなど。

第3章 『快適生活』にあふれる科学

【鉄と非鉄金属】

金属材料として、圧倒的に使われているのは**鉄鋼**です。この鉄鋼を除いた金属を**非鉄金属**といいます。

非鉄金属は、埋蔵量が多く幅広く利用されるベースメタル（土台になっている金属）、埋蔵量が少なく希少性の高いレアメタル、宝飾用にも利用される貴金属、に分類されます。

【貴金属と卑金属】

空気中で簡単にさびる金属を**卑金属**、空気中でも安定で金属光沢を失わない金属を**貴金属**といいます。装飾用に用いられる金・白金（プラチナ）・銀などは代表的な貴金属です。

【軽金属と重金属】

金属の「軽い・重い」の分類で、ふつう密度が1立方センチメートルあたり4ないし5以下のものを**軽金属**といいます。それより大きいものが**重金属**です。

鉄、クロム、ニッケル、銅、亜鉛、鉛、スズなど金属材料として利用されるほとんどのものが重金属です。

軽金属ではアルミニウム、チタンやマグネシウムが材料として多く使われています。

金属でよく使われるのは鉄、銅、アルミニウム

鉄は、建築材料から日用品にいたるまで、もっとも広く利用されている金属です。鉄がすぐれた性質をもつ合金をつくることも

用途が広い理由のひとつです。炭素の含有率が 0.04 ～ 1.7％の鋼がその一例で、強じんなために鉄骨やレールなどに用いられています。

銅は赤みをおびたやわらかい金属で、熱をよく伝え、電気をよく通します。このために、電線などの電気材料に広く用いられています。電線は銅の需要の約半分を占めています。

アルミニウムは、軽量で加工しやすく耐食性もあることから、車体の一部、建築物の一部、カン、パソコン・家電製品の筐体など、さまざまな用途に使われています。アルミニウムが耐食性をもつのは、空気中で表面が酸化されて、酸化アルミニウムの緻密な膜（酸化皮膜）が内部を保護するからです。

また、アルマイト加工※3をすることで酸化皮膜を人工的に厚くして、さらに耐食性を高めている場合もあります（例えば鍋などの容器材料やアルミサッシなどの建築材料です）。

合金として使われているもの

ある金属に、他の金属元素、あるいは炭素、ホウ素などの非金属元素を添加して、融かし合わせたものを**合金**といいます。

合金の例として、ステンレス鋼を紹介しましょう。

さびない鉄の製造は長い間人類の夢でした。19 世紀末にその夢をかなえたのが、特別な処理をしなくてもさびにくい金属『ステンレス鋼（ステンレススチール）』です。ステンレス鋼は、鉄にクロムとニッケルを加えた合金です。

ステンレス鋼がさびにくいのは、表面にできる非常に緻密な酸

※3：アルマイト加工とは、アルミニウムを陽極で電解処理することで人工的に酸化皮膜を生成させ、表面を保護する表面処理のことです。1929 年に日本の理化学研究所において発明されました。

化皮膜（さび）が内部を強く保護するからです。

さびにくい特性によって、包丁やシンクなどのキッチンまわり、自動車のエンジンから原子力発電施設まで、幅広く普及しています。

日本の硬貨に使われている金属

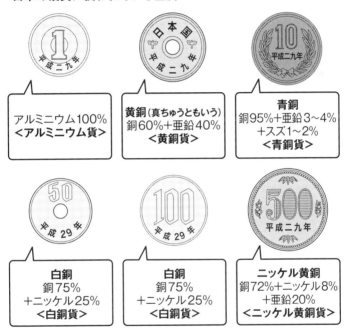

22 「消せるボールペン」はインクを消すわけではない?

子どもの学習からビジネスの現場まで、すっかりおなじみの「消せるボールペン」。最近では同じ原理のスタンプが登場して人気ですね。どんなしくみになっているのでしょうか。

摩擦熱でインクを見えなくする技術

これまでのボールペンインクは修正に手間がかかっていました。その手間を取り除き、鉛筆のように手軽に利用することを可能にしたのが、フリクションをはじめとする「消せるボールペン」です。

従来の消しゴムは、鉛筆がついた黒鉛をはぎ取って消しています。しかし、消せるボールペンはインクをはがして消すわけでありません。**インクが温度変化によって無色になる性質を利用し、「見えなく」している**のです。

このインクは特殊なマイクロカプセルが色素の役割をしており、その中にふくまれている3種類の成分の組み合わせが温度変化で変わることで無色になります(右図参照)。

このインクの元の材料『メタモカラー[※1]』は、色の変化によってビールやワインのおいしい飲み頃を示すラベルなど、さまざまな製品の示温剤として使われていました[※2]。

では、どのようにして温度変化を起こすのでしょうか。

それは、ボールペンの後部についている専用ラバーで擦ること

※1:インクの名前『メタモカラー』は、「変態・変身」を意味するラテン語の「メタモルフォーゼ」に由来します。
※2:お風呂で遊びながら文字を覚えられる知育玩具にも使われています。

で発生する摩擦熱です。温度は約60度以上にもなり、設定された消色温度を超えると、インクの色が無色に変わるのです。

インクの特性から、常温に戻してもインクの色が復活することはありません。また、インクをはぎ取っているわけでないので、消しゴムのような消しカスも出ません。

消せるボールペンのインクは、消した箇所で繰り返し筆記することが可能です。しかし、温度変化を利用しているために、書いた紙は温度に気をつける必要があります。

消せるボールペンで書いた紙をパウチ（ラミネート加工）すると字が消えてしまいます。夏場の車の中など60度近い温度になる場所に置くと消えてしまうこともあります。逆に、冷凍庫（マイナス20度以下）の中に入れると、筆跡が戻る場合もあるようです。なお、このボールペンは証書類や宛名などに使えませんので注意が必要です。

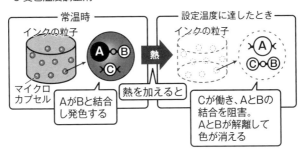

消えるボールペンのインクの仕組み

A 発色材（ロイコ染料）
B 発色させる成分（顕色剤）
C 変色温度調整剤

23 抗菌グッズは本当に効果があるの？

最近、抗菌を売りにした商品を多く目にします。こうした「抗菌グッズ」には、どのような効果やメリット、デメリットがあるのでしょうか。

「抗菌」とは？

抗菌とは、文字通り「菌に対抗する」という意味です。

菌に対抗するということを意味することばには、**殺菌**（菌を殺す）、**除菌**（菌を取り除く）、**滅菌**（すべての菌を殺す、または取り除く）、**静菌**（菌の増殖を抑える）などがあります。

抗菌グッズとは、製品に消毒剤や抗菌作用のある物質を混ぜて弱い殺菌能力を持たせたもののことです。もとは医療用に開発されたもので、感染症を防ぐことを主な目的としていました。

抗菌グッズが注目を集めるようになったのは、腸管出血性大腸菌 O-157 の流行がきっかけとされています。その全国的な流行により、除菌に対する注目が高まり、それに伴って多くの抗菌グッズが誕生したのです。

一口に「抗菌グッズ」といっても多くの種類があり、その効果も様々です。いわゆる静菌作用という弱い殺菌作用を使ったものから、強い殺菌力を持つものまであります。その種類も、樹脂などに成分を練りこんだもの、布にその成分を用いたもの、スプレーなどの噴霧タイプのものなど、多岐にわたっています。

094

抗菌グッズのメリット

日常生活において、菌の繁殖によって困ることは様々あります。例えば、台所の流しのヌルミは菌の繁殖によるもので、いやなにおいのもとにもなりますね。これを殺菌するために塩素系の殺菌・漂白剤を用いることがあります。ただ塩素系のものは、作用が強いぶん取り扱いには注意が必要です。

台所用品や、浴室用品そのものに抗菌作用をもたせることによって、掃除の手間を減らすことが期待できるものもあります。これらは菌の繁殖を抑えることにより、においの発生を防ぐなどの効果が期待できます。プラスチックなどの樹脂に抗菌成分を練りこんだ場合は、長いあいだ効果が続くことが特徴です。

衣類に抗菌作用を持たせたものもあります。汗をかいたあとなどに生じるにおいの多くは、細菌の繁殖が原因となっています。それを防ぐ効果があります。布に抗菌作用を持たせるために、素材そのものに混ぜ込ませたものもありますが、製品によっては後から抗菌成分を噴霧しているものもあり、洗濯を繰り返すことで、その効果が薄れてしまうことがあります。

抗菌グッズのデメリット

　私たちの体には、多くの種類の菌が日常的に存在しています。体内の菌として、腸内細菌がよく知られていますね。また、口の中や皮膚表面などにも棲息しています。これらは**常在菌**といいます。常在菌は人の都合で「善玉菌」と「悪玉菌」に分類されています。善玉菌は健康維持に貢献しています。例えば腸内細菌の乳酸菌は、善玉菌の代表例として知られています。

　抗菌グッズと関係が深いのは、腸内ではなく、皮膚にいる細菌類です。皮膚には1平方センチメートルあたり10万匹以上の菌がいるといわれています。抗菌グッズの作用によっては、皮膚に存在する善玉菌まで殺菌されてしまうことが考えられます。**薬用せっけんや除菌アルコールの使いすぎは、肌の細菌バランスを崩し、悪玉菌を繁殖させることにつながる危険がある**といわれています。

　私たちの体内には、胎児のときにはごくわずかの菌しかおらず、生まれてくると同時に菌との共生が始まります。日常生活の中で徐々に多くの種類の菌が体内や皮膚に常在するようになるのです。

　数種類の菌がバランスを保っていると、新たな菌が侵入してきても定着できないということが起こります。これを**拮抗現象**といいます。抗菌グッズを過度に使うと、そのバランスが崩れ、かえって病原菌の侵入を許してしまう危険性があります。

　さらに、中途半端な殺菌は、その抗菌作用に対して、病原菌が

耐性を持ってしまうことがあります。それにより抗生物質などが効きにくくなることが考えられます。

抗菌グッズは本当に菌を殺す？

抗菌グッズは、確かに菌を殺したり、活動を弱める効果がが期待できます。ただし、**私たちに都合の悪い菌だけを殺すことはできません**。研究者の中には、抗菌グッズは気休めどころか、逆に害になると考える人もいます。

見えない菌に対して、必要以上に恐怖心をもち、むやみに殺菌することを考えるのではなく、有用な常在菌の存在を理解し、うまく共存することが大切です。

抗菌グッズは善玉菌まで排除してしまう

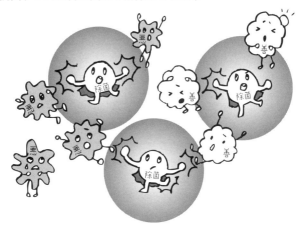

24 紙おむつはなぜたっぷり吸収してももれないの?

おしっこをたっぷり吸収して漏らさない紙おむつや、女性の生活をささえる生理用ナプキン。タオルのように薄いのに、どうやってたくさんの水分を吸収しているのでしょうか。

意外と複雑な紙おむつのしくみ

たくさんのおしっこを吸収しても漏れない紙おむつは、大きく3つの層からできています。

まずは肌を守る表面シートです。吸水性と吸汗性にすぐれたポリオレフィン[※1]という材料を使い、サラサラに保つとともにおしっこが逆戻りしないはたらきをしています。

2層目がおしっこをしっかり受けとめる吸水材です。この吸水材のなかに、おしっこを大量に吸水・保持できる「高吸水性ポリマー」(Superabsorbent Polymer:通称「SAP」)が使われています。このSAPこそが、紙おむつがたくさんのおしっこを吸収するカギを握っています。

3層目が防水材です。液体を漏らさずに、湿気だけを外に逃がす工夫がされています。

子育てや介護をささえる「高吸水性ポリマー」とは

おしっこが漏れない秘密はSAPにあります。

SAPは、編み目がはいった小さなつぶ状の「機能性化学品」で、

[※1]:ポリオレフィンとは、ポリエチレンやポリプロピレンなど、水素と炭素のみから構成される高分子化合物の総称です。

自分の重さの 100 〜 1000 倍もの水を吸収します。水をかかえこむ大きな網は、水を吸収する前はギュッと小さく圧縮されていますが、水を吸収し始めるとどんどん広がり、多くの水を蓄えることができます。吸水性、膨潤性、保水性にすぐれた特長があります。

また**吸収した水（おしっこ）はジェル状に固まることで、おむつを押しても漏れにくくなっている**のです。

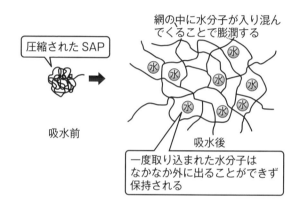

SAPをふくむ紙おむつは1980年代から発売されました。それまでは綿をしきつめたぶ厚い布おむつが一般的で、肌触りもよくありませんでした。SAPの登場で紙おむつは薄く使いやすくなり、水分の吸水率も飛躍的に高まったのです。

以前は、手洗いをしなければいけない、頻繁に取りかえる必要がある、といった数々の「面倒」がありました。そうしたことを不要にしたSAPは、おむつの歴史を変えたといえます。

ちなみに、SAP は、日本触媒という会社を筆頭に、日本の企業が世界シェアの 40％超を占めています。日本の化学技術が世界の子育てや介護に大きな貢献をしているといえるでしょう。

ほかにも身近にあふれる SAP

　SAP は、紙おむつや生理ナプキン以外にもさまざまなものに使われています。

　たとえば、冬にはかかせない使い捨てカイロです。カイロは中の鉄粉が空気中の酸素と交わって酸化し、酸化鉄になるときの熱で温かくなります。この酸化をうながすために食塩水が使われており、その食塩水を SAP にふくませているというわけです。

　ほかにも芳香剤や保冷剤、ペット用の室内トイレシートや猫砂にも使われています。変わったものでは、SAP をつかった「土のう」があります。災害時に水をしみこませることで、すばやく膨張させて使います。土をつかった土のうに比べて、膨張させる前は薄くて軽いため、保管スペースをとらないことが特長です。

　このように、SAP は私たちの生活を便利に、より快適にするすぐれものなのです。

紙おむつが砂漠化を救う？

　こうした SAP の性質を応用して、砂漠の緑地化に役立てようという研究が進んでいます。

　SAP はわずか 1 グラムで、水 1 リットルを吸収します。これを植林するときに砂に混ぜることで、砂地の保水力を高めようと

※ 2：生分解性とは、自然環境の中で微生物や酵素によって分解されたり、生体内で分解・吸収される高分子化合物のこと。環境に与える負荷が小さく、従来のプラスチックに代わる材料として期待されています。

いう試みです。SAP にふくまれた水はかんたんには蒸発しないため、砂漠の乾燥にも耐えることができます。

SAP に生分解性※2 の機能を追加することで、使用後の廃棄問題も解決しようとする次世代への研究もなされています。

豆腐もこんにゃくも SAP の仲間

おしっこを吸収した紙おむつなどの SAP と同じように、大部分が水なのに、固体のように固まったものをゲルといいます。

たとえば豆腐やゼリー、寒天、こんにゃくなどがゲルの仲間になります。これらは、非常に小さいひも状のものが密集し、網目状につながって、そのすきまに水をふくんで固体のようになっています。

また、科学遊びでよく使われる手作りスライム。これもひも状の分子からできている洗濯糊のポリビニルアルコールに、ほう砂がその分子間に橋をかけるような結合をして※3、たくさんの水分子を抱え込む大きな網になっています。

これらはみんな、同じような構造をもつ仲間なのです。

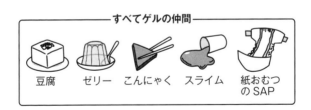

※3：このとき、水を閉じ込めながら結合するため、固体と液体の中間のような触感になります。

25 電子体温計は なぜ数十秒で測定できるの?

> 昔の水銀体温計は体温を測り終えるまで5分以上かかっていましたが、いまでは数秒から数十秒になり、1秒で測れるものも登場しています。どんなちがいがあるのでしょうか?

5分以上かかる「実測式」の水銀体温計

水銀体温計のセンサーは、先端の水銀がたまっている部分にあります。体温計をワキの下にはさむとセンサー部の水銀が温まり、指示温度が上がってきます。温度が上がる速さはセンサーの温度と体温の差に比例します。しばらくすると温度の表示は一定になります[1]。センサーの温度上昇は、体温に近づくにつれて遅くなりますが、それまで**きちんと実測する必要がある**ため時間がかかります。

10~30秒で測る「予測式」の電子体温計

電子体温計はスイッチを入れて、ワキの下に挟んでしばらくするとすぐにピッピッと音がしますね。測定時間は、機種によってちがいますが、10秒から30秒くらいのものが多いようです。

電子体温計のセンサーは体温計の先端部分に取りつけられていますが、数十秒の測定時間ではセンサーの温度は体温に達しません。表示された体温は、数十秒のうちに得られた温度の変化から、**計算によって求めた予測値**なのです。

※1:理論的にはいつまでたってもセンサーの温度は体温になりません。しかし、センサーの温度変化が温度計表示の最小値(分解能)以下になると表示温度の変化が判別できなくなるため、この温度を体温としています。

102

実測式と予測式の違い

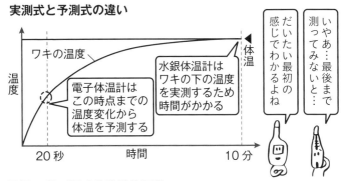

最短1秒で測る非接触体温計

最近では、耳穴に当てて鼓膜とその近くの温度を測るものや、おでこに体温計を向けてボタンを押すだけで測定できる商品も登場しました。こうした体温計は非接触体温計とよばれ、肌に触れずに最短1秒で測定できます。

私たちの体からは赤外線が出ています。この体温計は、**耳の奥にある鼓膜やおでんこから出る赤外線量を測定する**ことで体温を測っているのです。寝ている赤ちゃんやじっとしていられない子どもでも簡単に測定できて便利ですね。

赤外線量を測定する体温計

26 最近の水洗トイレは発電もしている？

毎日必ずつかうトイレはなくてはならない存在ですね。そのトイレがひと昔前とは比べものにならないほどかしくなっています。どんな技術がつまっているのでしょうか。

買い替えに値するコストパフォーマンス

家の中で使う水のうち、約４分の１の量がトイレで使われているといいます。一般的な家庭では１日に約250リットルの水を使い、そのうち60リットル以上の水をトイレに流していることになります。そんなに使っているのかと感じますが、これでもずいぶん減ったようです。

最初に登場したタンク式の水洗トイレのタンク容量は、なんと１回分20リットル。一方で最新式のものは3.8リットルにまで減らすことに成功しているというから驚きです。

少ない水量で流すために、今までのようにただ直線的に流すのではなく、渦を起こして流すのが主流になっています。また、便器の表面自体がより滑らかで、ものがくっつきにくかったり、撥水性のある素材や表面処理をしたりという工夫もされています。

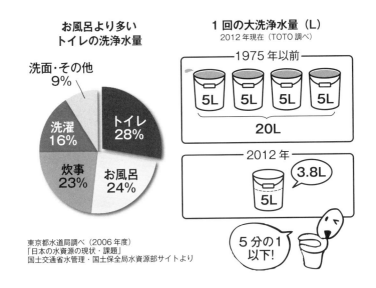

おしり洗浄機能の進化

今のトイレにはすっかり標準装備されたのがおしり洗浄機能です。水の入射角と反射角が十分計算され、お尻に当たった後の水がノズルにはかからず、しかも前方にも流れていかないようになっています。おまけにただの水流ではなく、水玉状の水を噴射したり、絶妙な範囲を移動しながら洗浄するなど、計算しつくされた機能で快適さを生み出してくれます。

インドに行くと、今でも手桶が置かれていて、その中の水でお尻を洗えるようになっています。最近は手桶ではなく、便座の一部から水が出るようになっていますが、やはりその水を手で使う

ようです。そう考えると日本の便器の「命中率」はじつに素晴らしく、人間工学の粋がつまった機能といえそうです。

オート機能満載

洗浄以外でも「個性的なトイレ」が生み出されています。共通しているの「自動化」です。便座の蓋の開閉や、脱臭、流水まで自動化されています。そのうち「座ってしたらおしまい」になりそうですよね。

そこに生かされているのは様々なセンサー技術です。何かの弾みでおしり洗浄機能が働いて水浸しということがないように、赤外線や圧力センサーで「人がいること」を確認しています。

第3章　『快適生活』にあふれる科学

　これまでのトイレでかなり無駄な電気を使っていたのが「便座ヒーター」です。トイレの滞在時間は統計によると4人家族で1日50分程度といわれています。便座ヒーターを利用することを考えると、じつに1日の3.5パーセントしか滞在していない便座を温め続けていたことになります。

　そこでセンサーやヒーターの技術、便座の構造を根本から見直し、入室後わずか6秒で「冷たい」と感じない温度に温める優れものまであらわれています。ほとんどの場合、トイレ入室から着座まで6秒程度はありそうです。その間に温められるようにして、大半の時間は節電をしています。

　もちろん、おしり洗浄の水の温めも、「瞬間湯沸かし器」のようにしてあって、いつも温めているわけではありません。

必要な電気すら作りだす

　水流を起こしたり、センサーを動かすには電気が必要です。そこで目をつけたのが、水力発電です。**トイレに流す水流を使って少しでも発電しようというもの**です。すでに実用化され、トイレ内のLED照明などに活用されています。

　こうした新機能を売り込むために、最近では各社が競い合うようにCM合戦をしています。一方で、便器に使われている陶器の寿命は50年を超えます。

　どんどん進化していっても、そう簡単に買い換えるというような性質の商品ではありませんから、私たちもかしこく考えて購入したいですね。

27 「曇らない鏡」は なぜノーベル賞候補なの?

> お風呂や洗面所の鏡が湯気で白くなるのは不便ですね。そこで
> 便利なのが「曇らない鏡」です。曇らないしくみはどうなって
> いるのでしょうか。

鏡の曇りの原因

お風呂や洗面所では、室温が湯温より低いため、目に見えない
水蒸気が露点に達して凝結し、白い湯気となります。湯気が鏡に
付着してさらに冷えると、細かい水滴となって結露し、曇りの原
因になります。水滴の乱反射で、鏡の鮮明な映りを妨げてしまう
のです。

鏡の曇りの原因が冷やされた湯気の水滴なら、鏡を温めること
で結露の発生を防ぐことができます。

鏡を温める

鏡を温めるためには、温熱ヒーターを鏡の裏(銀引き面)の全
面、あるいは一部分に取りつける方法があります。一般家庭の洗
髪・洗面化粧台や、理・美容室の化粧鏡などに使用されています。

ただしヒーターを取りつけるだけでは、縁から腐食するなどの
傷みが発生し、ヒーターが数年で駄目になってしまうこともあり
ます。したがって、鏡自体も縁や裏面に防腐・防湿加工がされた、
耐腐食性の高いものであることが望ましいでしょう。

第3章 『快適生活』にあふれる科学

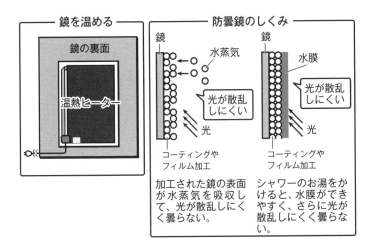

表面加工された防曇鏡

鏡を裏面から温める方法ではなく、表面に加工をして曇りを防ぐものもあります。このような鏡を「防曇鏡」といいます。

鏡の表面に施した特殊なコーティングやフィルムの保水効果によって、水蒸気を吸収し、光の散乱を防ぎます。さらにシャワーのお湯をかけると、表面に水膜ができやすい性質があるため曇りにくいのです。この表面加工によって水と結びつきやすくなり、親水性が高まるというわけです。

水泳などで使うゴーグルが曇ったときに水につけて曇りを取るように、光が散乱しにくくなるので曇らないというしくみです。

やがて時間とともに水膜が流れ落ち、それと同時に汚れも一緒

に流し落とす「セルフクリーニング効果」も期待できます。曇りの原因となる水垢などの汚れの付着を抑制して、曇り止め効果を継続させます。

曇り止め効果は身近なものを使って

メガネやサングラス、水中で使用するゴーグルなどの曇り止め剤は、水とアルコール、そして界面活性剤といった汚れと油を取る成分が使われています。つまりこれと同じような性質を持つものを使えば、簡単に曇り止め効果を得られることになります。

例えば台所用洗剤やウーロン茶、ほかにも、アルコールや石鹸、卵白、文房具の水のり、新聞紙（インク油分が作用）などを使うと効果が得られるでしょう。

ノーベル化学賞候補「光触媒」への期待

車のドアミラーやビルの外壁などの曇り止めや汚れ防止に利用されているものに、光触媒の超親水化技術があります。

光触媒は、光の力を使い、自らは何も変化することなくまわりのものを変える化学変化をもたらします。

酸素との化合物である酸化チタンは、光触媒の代表的な物質です。酸化チタンに紫外線が当たると、非常に水になじみやすくなり、表面に垂らした少量の水滴が、全面をごく薄く均一に覆うように広がります。このため、強い酸化力だけでは分解できなかった油汚れも、水をかけるだけで浮き上がり、簡単に流し落とせるようになります。

第3章 『快適生活』にあふれる科学

 日本のノーベル賞候補のひとつともいわれているのが、この光触媒技術です。

 太陽光のエネルギーを使用して空気や水などを浄化するほかにも、ウィルスや細菌を殺菌・抗菌したり、クリーンな水素燃料を生み出したりと多くの可能性を秘めています。

光触媒のしくみ

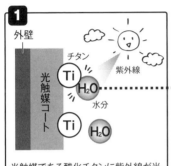

光触媒である酸化チタンに紫外線が当たると、酸化チタンを構成するチタンと空気中の水が反応を起こす。

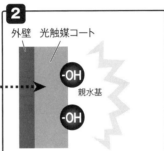

チタンと水が反応した結果、酸化チタン表面に、水となじみがよい親水基（-OH）ができる。

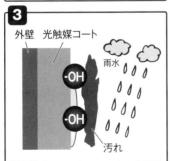

親水基（-OH）ができること雨水が汚れの下に入り込む。

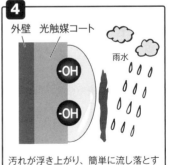

汚れが浮き上がり、簡単に流し落とすことができる。

28 炭酸ガスを出す入浴剤は効果があるの？

手軽に自宅で温泉気分を味わうことができる入浴剤。その中でも、二酸化炭素を出す入浴剤（炭酸入浴剤）は人気商品のひとつです。どんな効果があるのでしょうか。

入浴剤の歴史

日本は世界でも有数の温泉大国であり、昔から温泉を病気やケガの治療に利用してきました。また、薬用植物などをお風呂に入れた薬湯が盛んにおこなわれ、現在でも5月の菖蒲湯[1]や12月の柚子湯[2]などの風習が残っています。

入浴剤が商品として発売されたのは明治時代のことで、いくつかの生薬を配合した商品が売りだされたのが始まりだといわれています。

戦前までは、自宅にお風呂を持っている家庭が少なく、入浴剤は銭湯などの公衆浴場で使用されることがほとんどでした。しかし1960年以降、高度経済成長にともなって内風呂が普及し、入浴剤も飛躍的に需要が高まることになります。

そうした中で、1980年代になると炭酸入浴剤が販売され人気を集めました。炭酸入浴剤は温浴効果が高く、疲労・肩こり・腰痛・冷え症に効くとされています。

※1：菖蒲湯とは、5月5日の端午の節句の日にショウブの葉や根を入れて沸かすお風呂のこと。古くから邪気をはらう薬草とされ、とくに根の部分の精油（エッセンシャルオイル）に強い香りがあり、血行促進や疲労回復の効果を持つとされています。

第3章　『快適生活』にあふれる科学

炭酸入浴剤に期待できる効果とそのメカニズム

日本浴用剤工業会によると、入浴剤は、①無機塩類系、②炭酸ガス系、③生薬系、④酵素系、⑤清涼系、⑥スキンケア系という6種類に分類することができます。

各種類によって温熱効果や洗浄効果、保湿効果、血行促進効果など期待される効能が異なります。炭酸入浴剤は、主に血行促進を目的とした入浴剤です。

炭酸入浴剤では、二酸化炭素が血行促進のために重要な働きをします。メカニズムはこうです。

まずお湯に溶けた二酸化炭素は、皮膚から体内にしみ込みます。二酸化炭素が増えると、体は酸素不足の状態であると認識します。そのため、けんめいに酸素を細胞に送り込み、二酸化炭素を体の外へ運び出そうとします。その結果、**酸素や二酸化炭素を運搬している血液を、多量に循環させようと血管を拡げることになる**わけです。

すると、皮膚は血行がよくなって赤くなってきます。また、全身の新陳代謝が促進されることになり、さら湯につかったときに比べて、入浴後の体温が高いまま維持されます。このようにして、二酸化炭素は私たちの血行を促進させるのです。

ガスの泡は直接あてても効果なし

ところで皆さんは炭酸入浴剤をお風呂に入れたあと、どれくらい時間をおいて入浴しているでしょうか。もしかすると泡がブク

※2：柚子湯とは、冬至の日に柚子を入れて沸かすお風呂のこと。柚子が持つ成分が血行を促進し、風邪の予防や冷え症対策になる。「柚子湯に入れば1年中風邪を引かない」ともいわれる。

113

ブクとでているときから入っている人も多いのではないでしょうか。たしかに、入浴剤を入れた瞬間から入浴し、発生した泡を身体に直接あてているほうが気持ちがよくて効果が高そうな気がしますね。しかし、残念ながらこの方法はまちがいです。

　先ほど説明したように、二酸化炭素が体内に吸収されるためには、二酸化炭素がお湯に溶けている必要があります。そのため、二酸化炭素の泡を直接あてても吸収はされません。

二酸化炭素がお湯に溶解したタイミングは、炭酸入浴剤が発砲し終わったあとです。メーカーによると、発砲し終わったあと、1〜2時間は二酸化炭素が溶解した状態が続くといわれています。

　また、二酸化炭素などの気体は、お湯の温度が高いと溶けにくい性質があります。したがって通常の温浴より低い**37〜38度で入浴するのが効果的**です。ぬるめのお湯のほうが、二酸化炭素の効果で体に負担をかけずに全身を温めることができます。

入浴した直後の状態

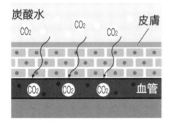

二酸化炭素が皮膚から血管に浸透し、「酸素不足！」と誤認識する。

入浴から数分後

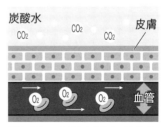

酸素を急いで届けようとして血流が多くなり、血行促進効果が得られる。

炭酸の濃度は高いほど効果が高い

二酸化炭素による血行促進効果は、その濃度が高いほど大きくなることがわかっています。

実際に医療等で利用されている天然の炭酸泉は、お湯1リットルに二酸化炭素が1000ミリグラム（1000ppm）以上溶けたものであり、「高濃度炭酸泉」とよばれます。効果の高さから、近年では高濃度人工炭酸泉を導入する施設も増えてきました。

ちなみにヨーロッパ、特にドイツでは、炭酸泉を「心臓の湯」とよび、循環器病の保険適用治療としても炭酸泉への入浴が利用されています。

残念ながら、炭酸入浴剤を使ってここまでの濃度を得ることはできず、得られる濃度は100ppm未満だといわれています。それでもまったく効果がないわけではありません。

入浴のタイミングやお湯の温度を工夫すること、「高濃度」と表記された二酸化炭素濃度がなるべく高くなる入浴剤を選ぶことで効果を高めることができます。

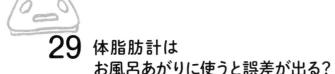

29 体脂肪計は お風呂あがりに使うと誤差が出る?

昔に比べてすっかりかしこくなったデジタル体重計や体脂肪計。いったいどうやって測っているのでしょうか。また、その値は信用できるのでしょうか。

バネ式とデジタル式のちがいとは

昔から使われているバネ式の体重計は、内蔵されているバネのたわみで体重を測るしくみです。電池は必要ありませんが、時々修正しないといけませんでした。端に乗ると体重が少なく表示されるので、学校の身体測定のときなど、端に乗ったりつま先立ちをして怒られている人がいたのを覚えている人もいるかもしれませんね。

現在広く普及しているデジタル体重計は、重みによって生じる金属フレームのゆがみを検出して測定しています。フレームにはセンサー(ロードセル[1])があり、そのデータからマイクロコンピュータが重さを算出します。体重計内にデータを記憶できる機種もあります。

脂肪や筋肉の量はどうやって測る?

最近の体重計は進化していて、体脂肪率や筋肉量を表示してくれるものもあります。これは体脂肪計や体組成計といって、単に体重を測るだけの体重計とはちがいます。

---

[1]:ロードセルは歪むことで電気抵抗が変化するため、抵抗の強さから重さを算出することができます。

体脂肪計や体組成計には、足の裏にあたるところに金属製のパッドがあり、微弱な電流を流します。そして、流した電気の量と出てきた電気の量の差（電気抵抗値という）を測ります。

脂肪は電気を通しにくい性質があります。脂肪が少ないと体の中を電気が通りやすく、脂肪が多いと通りにくくなります。こうして、体に流れる電流の流れ方を計測するわけです。反対に、筋肉は電気を通しやすい部位で、同じ原理で骨格筋率を測定します。

体脂肪計や体組成計は使用前に個人を登録して性別や身長を入力しますね。これは性別や身長から電流が流れる経路と抵抗値を計算し、補正するためです。

使用地域が設定できる機種もあります。体重は、赤道に近づくほど地球の自転による遠心力の影響を受けて軽くなるため、そうした地域差をなくす意味があります[2]。

使ってはいけない人もいる

この体脂肪計や体組成計ですが、使ってはいけない人もいるのはご存じでしょうか。

微弱とはいえ電流を体内に流すため、ペースメーカーなどに誤作動を起こす危険性があり、埋め込み型の医療機器を使用している人は使用しないように呼びかけられています[3]。一方、妊婦さんの使用は問題ありません。

なぜお風呂あがりに測ってはいけないのか

ところで皆さんは、どのタイミングで体重を測ることが多いで

※2：例えば、北海道で体重80キログラムの人が沖縄で計ると100グラム軽くなります。
※3：体重の計測機能だけであれば、電流を流さないため問題ありません。

しょうか。さっぱりしたお風呂あがりに測っている人も少なくないでしょう。ところが、**体脂肪計や体組成計は体内の水分量や体温に影響される「電気の通りやすさ」で計測するため、お風呂あがりのタイミングは適していません。**

　人の体の水分は日周変動といい、飲食や生活などで大きく変動します。たとえば朝は、眠っている間にかく汗などによって体から水分が抜けているので、体重は少なめに出ますが、体脂肪率は高めに出ます。食事の後は体重が増えますが、その水分のために体脂肪率が低めに出るなど、やはり値が変動します。

　メーカーが推奨しているのは夕食前の夕方だそうですが、毎回入浴前に測るなど、できるだけ同じ時間に毎日計ることを習慣づけ、条件をそろえて測定するとよいでしょう。

　ちなみに機種ごとの計測差もありますので、出かけた先で測って、いつもより増えた、減った、と一喜一憂するのはあまり意味がありません。同じ機器で継続的に測って、傾向をつかむ目安として利用するのがよさそうです。

●体脂肪計や体組成計の正確な計測のポイント

1. 食後2時間を経過していること
2. 計測前に排尿、排便を済ませる
3. 運動直後の計測は避ける
4. 脱水やむくみのある場合の計測は避ける
5. 気温低下時や低体温時での計測は避ける
6. 発熱時の計測は避ける
7. 原則として入浴直後の計測は避ける

（タニタのホームページより）

第3章 『快適生活』にあふれる科学

30 ヒートテックはなぜ薄いのに温かいの?

11月〜3月はウォーム・ビズ期間として定着してきましたが、着膨れするのは嫌なもの。最近は薄くて温かい素材のものが多く出ていますが、どんなしくみになっているのでしょうか。

人から出る水蒸気を吸って熱を出す

ヒートテックは「吸湿発熱繊維」という素材を用いた衣料です。吸湿発熱繊維とは、汗などの水分を吸収して発熱する繊維で、大手繊維メーカーがつくり、ユニクロや大型スーパーが独自ブランドで販売しています。素材はレーヨン、アクリル、ポリエステルなどの繊維や生地を組み合わせて使っています。ここではヒートテックをもとに説明しましょう。

人間の体からはつねに水蒸気が発散されています。成人男性は皮膚から1日あたり0.55リットル程度です。これは運動しているときや夏の暑いときに流れ落ちる汗とはちがい、自然に出ているもので感じることはありません。

私たちは、体が濡れると、その水分が蒸発するときに熱を奪われるため涼しく（あるいは寒く）感じます[※1]。その逆に、水蒸気が液体の水になるときにはまわりに熱を放出します[※2]。

ヒートテックは、**人の肌から出ている水蒸気を吸収し、それが液体の水になることで熱を発生します**。水蒸気を吸収しやすい、

[※1]: 液体が気体になるときにまわりから奪う熱のことを「気化熱(きかねつ)」といいます。液体が蒸発するためには熱が必要で、その熱は液体が接しているものから奪います。いつまでもぬれた体でいると風邪を引くのは、気化熱によって体温が奪われるからです。

つまり吸湿性が高い繊維だから「吸湿発熱繊維」というわけです。

一方で吸湿性の高さから肌の乾燥を引き起こし、肌荒れやかゆみの原因になることもあります。敏感肌や乾燥肌の人はコットンなどの天然素材の肌着にするといいでしょう。

また乾きにくい素材でもあるため、汗を大量にかくスポーツなどには向きません。

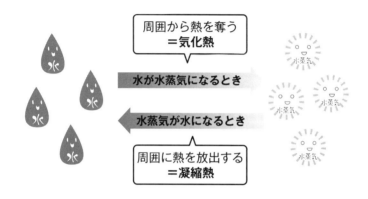

保温効果は空気が重要

体熱や吸湿発熱で温められた空気は、「保持すること（保温）」が必要ですね。そのためには空気を動きにくくすることです。

ウールのセーターを例に説明してみましょう。ウールは熱伝導率が低い※3ために冷やされにくく、細かいケバが空気をためるために体温を保持する効果が高い繊維です。このため、体温によって温められた網目の空気が体をおおい、外気をさえぎってくれます。

※2：気体が液体になるときに放出される熱のことを「凝縮熱」といいます。
※3：熱伝導率とは、熱が物質の中に伝わるときの「熱の伝わりやすさ」を示すものです。温まりにくく、冷めにくいものを「熱伝導率が低い」といいます。

第3章 『快適生活』にあふれる科学

ダウンコートに使われるダウンやフェザーといった水鳥の羽毛は、細い繊維どうしの隙間に空気を多くふくみます。ダウンジャケットなどは布地にふくまれる空気の割合が98パーセント以上なので断熱保温性に優れているのです。

ヒートテックは、レーヨン※3の外側に極細に加工されたアクリル（マイクロアクリル）を配しています。マイクロアクリルは髪の毛の10分の1の細さの糸でできています。このマイクロアクリルを使うことで、繊維と繊維の間にできるエアポケット（空気の層）が大きくなるようにしています。**エアポケットで断熱効果を発揮し、体熱や吸湿発熱による熱を外へ逃げにくくしています。**

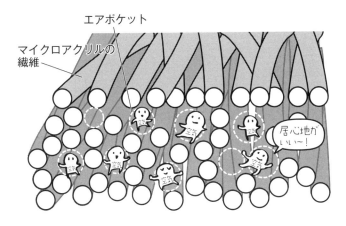

このように、繊維メーカーは次々と新素材を開発し、進化させることで私たちの快適な「ウォーム・ビズ」をささえています。

※3：肌に接するところには綿と同じような肌触りで、綿よりも吸湿性が高いレーヨンを配しています。

第4章
『健康・安全管理』にあふれる科学

31 紫外線はカルシウムの吸収を助ける?

紫外線は肌荒れや皮膚がんを引き起こすおそれがあることから、有害なものと思っている人が多いようです。しかし、そうとも限らないのです。メリット、デメリットを見てみましょう。

紫外線とは?

私たちは日々さまざまな光を目にしていますね。光の中には、目に見える光(=可視光)と、目には見えない光(=不可視光)があります。光はすべて「電磁波」の一種で、人の目に見える光は赤からむらさきまでの色です。赤よりもゆるやかな波と、むらさきよりも細かな波の光は人の目には見えません。

紫外線はむらさきよりも細かな電磁波による不可視光で、晴れた日は太陽から地表に大量に降り注いでいます。低緯度の、赤道に近い地域ほど大量の紫外線がやってきます。紫外線は地球の大気に多くが吸収されますが、ある程度は地表まで到達することがわかっています。

電磁波の種類

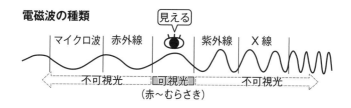

※1:核酸とは、生物の細胞にふくまれるDNAやRNAのことです。DNAは遺伝子としての情報をになう重要な物質で、おもに細胞の核にふくまれます。RNAはDNAが働くときに必要な物質です。

紫外線は人に対して2つの効果をもたらします。

ひとつは、核酸※1などに化学変化をもたらす効果です。これは生物にとって悪い影響です。

もうひとつは、皮膚内でビタミンDを生じる効果です。これは人にとってなくてはならないものです。

これらの紫外線の効果は、様々な形で私たちの生活に関係しています。

DNAを傷つける

私たちの体にふくまれる物質が紫外線を吸収すると、本来の働きを失うことがあります。DNAが紫外線を受けることで変化し、DNAにふくまれる遺伝子が働きを失うか、別の働きを持つものに変化してしまうことがあります。少量の紫外線であればDNAは修復されてとくに問題はありませんが、量が多いと炎症を起こしたり細胞が死んだりがん化するといった影響が出ることが知られています。この意味では紫外線は人にとって厄介者です。

肌荒れや病気を引き起こす

人の肌の色を決定する要素のひとつにメラニン色素※2があります。皮膚の表面近くにあるメラニンは、紫外線を吸収し、皮膚の内部に透過させない働きをします。

皮膚は紫外線を受けることが刺激となってさらに多くのメラニンを合成し、肌の色を濃くします。これが「日焼け」です。日焼けは、皮膚の内部に透過する紫外線を減らす効果をもたらすもの

※2：メラニン色素とは、皮膚の表面近くや毛髪、眼の虹彩（いわゆる「黒目」の部分）にふくまれる濃い茶色の色素のことです。皮膚や毛髪、黒目の色が、いわゆる「人種」や個人によってちがうのは、メラニン色素の量がちがうためです。

なのです。

いわゆる「日焼け」にはもうひとつ、赤く腫れあがるタイプのものもありますね。こちらは紫外線によって皮膚の下にある血管の炎症によって起こります。

また皮膚の内部にあるコラーゲンなども、長時間紫外線に当たることで変化し、皮膚の弾力性が低下したり、目の細胞が変質することで視野が白濁する白内障を引き起こす原因にもなります。

市販されている日焼け止めは、紫外線を吸収か反射することで皮膚に達する紫外線を減らす効果があります。また、目にはサングラスが効果的です。上手に活用するとよいでしょう。

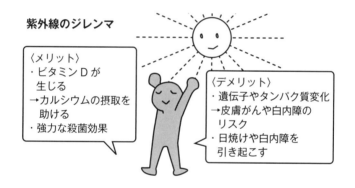

紫外線のジレンマ

〈メリット〉
・ビタミンDが生じる
→カルシウムの摂取を助ける
・強力な殺菌効果

〈デメリット〉
・遺伝子やタンパク質変化
→皮膚がんや白内障のリスク
・日焼けや白内障を引き起こす

ビタミンDをつくる

現代人に不足しがちな栄養素のひとつに、カルシウムがあげられます。カルシウムはビタミンDの助けを得て体内に吸収され

ますが、このビタミンＤの生成に紫外線が大きく関わっています。

　私たちの皮膚にあるプロビタミンＤ※3が、紫外線によってビタミンＤに変化します。ビタミンＤはカルシウムイオンの吸収をうながし、血液中のカルシウムイオン濃度を高くする働きがあります。乳幼児期にこれが不足すると骨の形成不全(いわゆる「くる病」)や、大人では骨粗しょう症の原因にもなります。つまり、**骨を強くするためには適度な日光浴が必要**なのです。

　紫外線からビタミンＤを得るために必要な日光浴は、1日に短時間でかまいません。環境省が出している「紫外線環境保健マニュアル」によると、日本で平均的な食生活をしている人は、両手の甲ほどの面積に15分間日光を当てるか、日陰で30分ほどを過ごす程度で十分ということです。

強力な殺菌効果を持つ

　紫外線のメリットはほかにもあります。それは、強力な殺菌効果です。

　洗濯物や布団などの天日干しをすることで、付着した雑菌の多くは死滅します。時間はおおよそ1時間から2時間程度で十分効果が出るようです。太陽の高度が高く紫外線量が多い12時前後がおすすめです。

　「紫外線はお肌に悪い」と考える女性は少なくないもしれませんが、上手に付き合っていきたいですね。

※3：プロビタミンＤは、ビタミンＤによく似た形をしていますが、ビタミンＤの働きは持たない物質のことです。キノコなどの食品にふくまれるものや、体内でコレステロールが変化してできるものがあります。

127

32 栄養ドリンクはどのくらい効果があるの？

> 毎日の疲れがたまってもう限界。そんなときに手に取りたくなくのが栄養ドリンクですね。たくさんの種類のドリンクが売られていますが、どのくらい効果があるのでしょうか。

栄養ドリンク・エナジードリンク

最近はコンビニでも色々な種類の栄養ドリンクが入手できます。そこには『滋養強壮』『虚弱体質』『肉体疲労』『病後の体力低下』『食欲不振』『栄養障害』などの効能が書かれています。たくさんの種類があって迷ってしまいますが、分類すると大きく2種類に分けることができます。

薬事法の制限を受ける「医薬品系栄養ドリンク」と、食品衛生法の規制を受ける「非医薬品系栄養ドリンク」です[1]。規制緩和によって、コンビニでも様々な栄養ドリンクが売られるようになってきたわけです。

ここでは「肉体疲労時」に利用する栄養ドリンクについて見ていくことにしましょう。

栄養ドリンクに必ずふくまれるビタミンB群とは

多くの栄養ドリンクに共通していることは、ドリンクの色が黄色の蛍光色であることと、容器の色が褐色ということです。これは何を意味しているのでしょうか。

※1：薬事法とは、医薬品、医薬部外品、化粧品、医療機器の4種について安全性と、体への有効性を確保するための法律です。正式名称は、「医薬品、医療機器等の品質、有効性及び安全性の確保等に関する法律」といいます。

第4章 『健康・安全管理』にあふれる科学

まずはドリンクの成分を見てみましょう。

どの栄養ドリンクにも必ずふくまれているのが「ビタミンB群」です。**ビタミンB群は、摂取した糖質やタンパク質の代謝を助け、エネルギーを効率よく取り出すために必要なものです**。また、赤血球を作り出すためにも必要です。ビタミンB群を多くふくむ食品は、レバーやうなぎです。疲れがたまったときに食べる習慣がある食品ですから、納得できますね。

では、なぜ容器の色は褐色なのでしょうか。実は、ビタミンB群は光に当たると分解されてしまいます。ですから、光をさえぎるために褐色の瓶に入れているというわけです。

ビタミンB群はこのほかにも、水に溶けやすい性質があります。**人が1日に必要とするビタミンB群の量は数十ミリグラムですが、栄養ドリンクを飲むと過剰摂取になってしまうことが多くなります**。それによって何か副作用があるわけではありませんが、水に溶けやすい性質のため、尿に溶け込んで体外に排泄されます。栄養ドリンクを飲んだ後、尿の色がやけに黄色っぽくなるのはそのためです。

疲れを吹き飛ばすカフェイン

コーヒーを飲んで、眠気を吹き飛ばしたい。そんな経験は誰にでもありそうです。これは、コーヒーにふくまれるカフェインの効果に期待していることになります。カフェインは栄養ドリンクにもふくまれています。

129

なじみ深いカフェインですが、注意が必要なこともあります。

子どもの頃に初めてコーヒーを飲んで、夜眠ることができなくなった経験を持つ人もいるでしょう。カフェインには様々な作用がありますが、とりわけ覚醒作用、強心作用、利尿作用、解熱鎮痛作用[2]が有名です。

栄養ドリンクでは、覚醒作用や強心作用を期待してカフェインを添加しています。目が覚めたり、意識をはっきりさせたり、興奮させることを「覚醒」といいます。疲れた体にはたしかに効きそうです。しかし**それは薬効ですから、極端にいえば「勘ちがい」に近く、根本的な改善にはなりません**。

命にかかわるカフェインの過剰摂取

最近ニュースで「栄養ドリンクの飲みすぎで死者が出たようだ」という話を耳にすることがあります。

ここで問題になるのが「カフェイン」の摂取量です。

栄養ドリンクを1本飲んだ程度のカフェインでは命にかかわることはありません。しかし、短時間で何本も飲んだり、眠気覚ましをうたったカフェインの錠剤と併用する場合は、摂りすぎになり危険です。

カフェインは、一度に1グラム以上摂取すると中毒症状が出るとされ、吐き気やめまい、心拍数が上がるなどの症状におそわれます。コーヒー1杯（200ミリリットル）にふくまれているカフェインが120グラム程度ですから、8杯をガブ飲みする量ですね。また、錠剤にはコーヒーの数倍のカフェインがふくまれてい

※2：多くの風邪薬にもカフェインがふくまれていますが、それは解熱鎮痛作用に期待してのものです。

第4章 『健康・安全管理』にあふれる科学

るものもあるので注意しましょう。

　なかなか休むことができない毎日を送っている人も多いでしょうが、栄養ドリンクに頼るのではなく、しっかり休息をして、体力を回復させるのが理想であることはいうまでもありません。

カフェインを含む主な製品や飲料

	1錠または1本あたりのカフェイン量		カフェイン1g相当量
▼ 眠気防止薬（第3類医薬品）			
トメルミン	〇〇〇〇〇〇〇〇〇〇〇〇〇〇〇〇〇	167mg	6錠
エスタロンモカ錠	〇〇〇〇〇〇〇〇〇〇	100mg	10錠
▼ 眠気覚しドリンク（清涼飲料水）			
強強打破（50mL）	〇〇〇〇〇〇〇〇〇〇〇〇〇〇〇	150mg	6.7本
メガシャキ（100mL）	〇〇〇〇〇〇〇〇〇〇	100mg	10本
▼ エナジードリンク			
モンスターエナジー（355mL）	〇〇〇〇〇〇〇〇〇〇〇〇〇〇	142mg	7本
レッドブル（185mL）	〇〇〇〇〇〇〇〇	80mg	12.5本
▼ 嗜好飲料（200mL）			
コーヒー	〇〇〇〇〇〇〇〇〇〇〇〇	120mg	1.7L
煎茶	〇〇〇〇	40mg	5L

カフェイン量は製品の添付文書、成分表、
日本食品標準成分表2015年版による

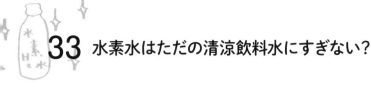

33 水素水はただの清涼飲料水にすぎない?

水素水は、口コミ的に「メタボに効く」「ダイエット効果がある」「シミやシワに効果がある」などといわれていますが、本当に効果はあるのでしょうか。

水素を水に溶かした水素水

水素分子[※1]からできている水素ガスを水に溶かしたものが水素水です。理科の実験で、亜鉛や鉄にうすい塩酸を加えると発生する気体です。水素の性質は、中学理科で学びます。

水素は、気体のなかでもっとも軽く、空気中で燃えて水になり、水にとても溶けにくい性質をもっています。ですから、水素水には水素がわずかしか溶けていません。

水素水が注目されたのは、「水素ガスが有害な活性酸素を効率よく除去する」という研究が発表されたからです。

この研究はラットという実験動物を使ったものでしたが、活性酸素のなかでもっとも強い働きをもったもの(ヒドロキシルラジカル)だけを除去するというのです。

水素を摂取するのに水素ガスを吸引するという方法がありますが、水に溶かしたかたちが簡単ということで、大手の飲料水メーカーからも水素水が販売され、話題になりました。

※1:水素分子は、原子の中でも非常に軽く小さい水素原子が2つつながっている気体です。水素水に溶け込んでいる水素分子は、時間の経過とともに空気中へと逃げやすい特徴を持ちます。

有効性を示すデータはない

国立健康・栄養研究所は、その WEB サイトで【『健康食品』の素材情報データベース】を提供しています。現時点で得られている科学的根拠のある安全性・有効性の情報を集めたものです。

そのデータベースに、2016 年 6 月 10 日に「水素水」も取り上げられました[2]。その概要が現在のところの水素水と健康についての的確な評価だと思われます。

詳しくは WEB サイトを見てもらうことにして、現在のところ、巷でいわれるような「活性酸素を除去する」「がんを予防する」「ダイエット効果がある」などは、人での有効性で信頼できる十分なデータはないということです。

あくまで水分補給の選択肢

飲料や食品は、健康効果をうたうことを医薬品医療機器法（薬機法）などで禁じられています。特定保健用食品（トクホ）や機能性表示食品であればある程度は可能ですが、水素水は清涼飲料水です。そのため効果・効能をうたうことはできません。

例えば水素水を販売している大手の伊藤園の WEB サイトには、水素水の Q&A が掲載されています。その中の 1 つは次のようです。

" Q. なぜ水素水を販売しているのですか？

A. 水分補給の 1 つの選択肢として販売しております。

このように、伊藤園は効果・効能をうたえない清涼飲料水にす

※ 2：http://hfnet.nih.go.jp/contents/detail3259lite.html

ぎないことをよくわかっています。

しかし、国民生活センターは、水素水について、違法とみられる表示や広告が目立つと注意を呼びかけています。禁じられた健康効果をうたうだけでなく、水素自体が検出されなかった製品もあったということです。

水素は体内で多量につくられている

そもそも私たちの体内では、日常的に水素が多量につくられています。つくっているのは、大腸にいる水素産生菌[3]です。

大腸内の腸内細菌によって発生するガスは毎日7〜10リットルもあります。おならとして外部に出てしまうもの以外の大部分は体内に吸収されて血液循環に乗っていきます。その中に、水素は少なくても1リットル以上あるでしょう。

水素水1リットルを飲んでも摂取できる水素はせいぜい数十ミリリットルですから水素水を飲むよりもはるかに多いのです。ですから、水素水を飲んで摂取する水素の量はその誤差範囲でしょう。

ちなみに、おならは1日に約400ミリリットル〜2リットル出るといわれています。おならには水素が10〜20％もふくまれています。おならの成分で窒素の次に多いのです。

※3：水素酸性菌とは、その名の通り水素を生産する菌です。

第4章 『健康・安全管理』にあふれる科学

34 殺虫剤、防虫剤、虫よけスプレーは人に害はないの？

> 殺虫剤や防虫剤、虫よけスプレーは効果があるとうれしい反面、体に害はないのか心配なところもありますね。安全性や注意点を知っておきましょう。

殺虫剤、防虫剤、農薬はちがう

害虫（昆虫を主とする動物）を殺すための薬のうち、農作物に使用するものを農薬、ハエやゴキブリなどの害虫（衛生害虫）を殺すものを殺虫剤（防疫用殺虫剤）といいます。農薬は効果が強く、そのぶん有害性も強いのが特徴です。

また防虫剤とは害虫を忌避するために用いられる薬剤で、主に衣服の虫食い防止に使われています。

農薬の成分

農薬として第二次世界大戦後に広く用いられてきたのは有機塩素剤[※1]でした。毒性が強く、日本では1970年代までにほとんど使用が禁止されました。現在農薬として広く使用されているのは有機リン剤で、神経の伝達を妨げる作用がある薬です。

人への影響もあるため、散布の際にはマスクと手袋をする必要がありますが、比較的分解が早いため、出荷時には濃度が十分に下がるよう計算したうえで使用されています。

※1：塩素をふくむ有機化合物で、DDT（ジクロロジフェニルトリクロロエタン）などがあります。毒性が強く人体に蓄積される特性があるため、製造・使用が禁止されました。

135

殺虫剤を吸いこんでも体外に排出される

家庭用殺虫剤に主に用いられているのは、除虫菊の成分を元に開発されたピレスロイド剤[※2]というものです。

殺虫剤は虫が即死するような効果の高さから、人や家畜、ペットにも影響がありそうに思えます。しかしほ乳類は体内にピレスロイドを分解する酵素をもつため、すみやかに分解されて体外に排出されます。ただし、爬虫類や魚類などのペットに対しては害があるため注意しましょう。

衣類の防虫剤として使われているのは、樟脳[※3]、ナフタレン、パラジクロロベンゼンなどです。いずれも強いにおいがあるため誤飲することは少ないですが、経口で摂取すると危険です。子どもや赤ちゃんの手が届くところには保管しないようにしましょう。

3つの虫よけ剤と有効性

多くの虫よけスプレーには、ディートという成分が使われています。ディートは、もともとアメリカ軍によって開発されたもので、ジャングル戦においてマラリアの感染予防に使われた虫よけ成分です。

日本で販売されている虫よけはディートの濃度が5%前後のものが多かったのですが、近年では12%や30%といった濃度が高い製品も販売されるようになりました。濃度が高いディート製品は、通常の虫よけが効かないようなナンキンムシ、マダニ、ツツガムシなどにも有効です。

※2：ピレスロイド系殺虫剤には、かとり線香（マット）、殺虫スプレーなどがあります。
※3：樟脳はクスノキを原料とした精油です。虫が嫌いなニオイを放つ一方、鎮痛作用や清涼感を与える作用もあり、アロマや芳香剤、カンフル剤などにも使われています。

ディートが虫よけに高い効果を発揮するのは、成分が蚊などの害虫の触覚を麻痺させることで、人間を吸血対象として感知できなくしてしまうからです。ディートは殺虫剤ではなく、あくまでも害虫が寄りつかなくなる忌避剤であることが特徴です。

ただ、ディートは刺激性が強く、長時間連続して使うと皮膚炎を起こすこともあります。子どもが使用する際は濃度が低いものを選ぶ、エアゾール※4は使わない、大人が手につけてから子どもの皮膚に塗布する、などの方法をとりましょう。

2016年からは刺激性が低いイカリジン(ピカリジン)という新しい薬剤も発売されました。小さなお子さんにはこちらを使うのもよいでしょう。

また虫よけ剤には、アロマを使った天然成分由来のものもあります。虫よけに使うアロマオイル(エッセンシャルオイル)は、植物が害虫から身を守るために体内でつくる、虫の嫌がる香り成分を抽出したものです。有効成分は、シトラールやシトロネラールが知られていますが、蚊やダニなどの害虫には効果がない製品もあるため注意が必要です。

虫よけ製品のパッケージには、対象となる虫や効果が表示されています。よく確かめて購入するようにしましょう。

※4：ガスを使用して霧状の薬が噴き出す製品。使用時に息を止めていられない子どもが、薬品を吸い込んでしまうことがあります。

35 「まぜるな危険」を混ぜたらどうなる?

家庭用の洗剤や漂白剤に「まぜるな危険」と表示されたものを見かけます。これはどのような製品なのでしょうか。また、どんな危険があるのでしょうか。

「まぜるな危険」がついている洗浄剤とは?

家庭用の「洗剤」は日常生活のさまざまな場面で活用され、私たちの生活を快適で清潔に保つ役割を担っています。洗剤にはアルカリ性・中性・酸性のものが、漂白剤には酸素系・塩素系のものがあります(化学的作用による洗剤を「洗浄剤」といい、漂白剤は洗浄剤のひとつです)。

現在、家庭用洗剤・漂白剤には、「まぜるな危険」というラベルがついていますね。この表示は、1987年に起こった事故がきっかけで表示が義務づけられるようになりました。

徳島県のある家庭の主婦が、トイレ内で塩酸入りの洗浄剤を使用しているときに、塩素系の漂白剤も使用してしまったのです。2つの薬品が混ざった結果、狭いトイレ内に、危険な塩素ガスが大量に発生し、大変お気の毒ですが亡くなってしまいました。

事故の翌年から「まぜるな危険」のラベル添付がメーカーに義務づけられましたが、その後もたびたび事故の報告があります[※1]。

※1:2016年には長野県の小学校で、プールの機械室から塩素が発生するという事故が起こっています。これは、プールの消毒・殺菌剤の容器に、誤って汚れの凝集剤を入れてしまったためです。凝集剤は酸性のため、塩素が発生してしまいました。

第4章 『健康・安全管理』にあふれる科学

どんな組み合わせが危険なの？

それでは、漂白剤と洗浄剤は、どんな組み合わせにすると危険なのでしょうか。

塩素系漂白剤には、塩素化合物である次亜塩素酸ナトリウムがふくまれています。次亜塩素酸ナトリウムは不安定な物質で、塩素が出やすい性質をもっています。通常は安定させるために、アルカリ性になっています。

塩素系漂白剤は、漂白する物質に触れるとゆっくりと塩素を放出し、対象の物質がその作用で漂白されるというわけです。

ところが、そこに、酸を混ぜると一気に塩素が発生してしまいます。徳島の事故の場合は、洗浄剤にふくまれていた塩酸と、漂白剤の次亜塩素酸ナトリウムが反応し、短時間で多量な塩素が発生しました[2]。

このように、**塩酸などの酸性の物質と、塩素系漂白剤を混合すると塩素が発生します**。クエン酸・酢酸などの身近にある酸でも同じ反応が起こります。

塩素系の漂白剤と、酸性の洗浄剤（塩酸をふくむものだけでなく、クエン酸・酢酸などの酸をふくむものすべて）は絶対に混ぜて使ってはいけません。同時に使用しなくても、後から振りかけるのも厳禁です。どちらも単独で使いましょう。

また、台所のぬめり取りに使われる錠剤も単独で使用します。この錠剤は、塩素系の薬品ですが、酸性・アルカリ性どちらの薬品と混合しても、塩素を発生するため、注意が必要です。

※2：塩素には強い殺菌力があり、身近なところでは水道水やプールで消毒に使われています。かつての水道水は「カルキ臭い」といわれていましたが、この臭いのもとが次亜塩素酸ナトリウムです。

139

実際に混ぜたらこうなった！

　塩酸をふくんだトイレ用洗浄剤に塩素系の漂白剤を混ぜるという実験を実際にやってみました。

　塩素の発生状態を知るために、風通しの良い、広い屋外で実験を行いました。混ぜる薬剤の量は、約 10 ミリリットルずつほどのごく少量です。塩素の検出は、ヨウ化カリウムでんぷん試験紙を用いました。この試験紙は、色の濃さで塩素の濃度がわかるようになっています。

　やってみると、15 秒で検出紙が青く変化しました。だんだんと色が濃くなり、2 分で完全な濃さになりました。混ぜてはならない薬品を混ぜると、すぐに塩素が発生し、大変危険であることがよくわかりました。

　なお、いうまでもないですが、この実験はとても危険なので絶対にまねしないで下さい。

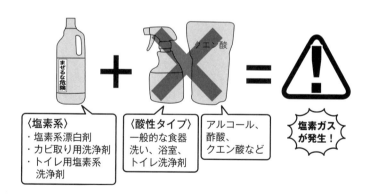

第4章 『健康・安全管理』にあふれる科学

36 かぜ薬はウイルスや細菌を退治するわけではない?

「かぜ薬」として薬局で売られている薬は、総合感冒薬といいます。この薬と、病院で出される薬やワクチンにはどんな効果やちがいがあるのでしょうか。

「かぜ」という病気は存在しない

そもそも、かぜ(風邪・感冒※1)とは何でしょうか。実は、かぜという「病気」は存在しません。かぜの正式名称は「かぜ症候群」といって、症状の組み合わせにつけられた名前です。

お医者さんのカルテには、症状によって「急性鼻咽頭炎」「急性咽頭炎」「上気道炎」といった言葉が書かれます。これはあくまで症状であって、かぜの原因はアデノウイルス、コクサッキーウイルス、そしてインフルエンザウイルスといったさまざまなウイルスであることが多いといわれています。しかし、素人には細菌の感染症との区別がつけにくく、注意が必要です。

かぜ薬は対症療法でしかない

薬局で売られている総合感冒薬は、右図のようにいろいろな効果をもった薬が配合されています。いずれも症状をやわらげる「対症療法」で、根本的に原因となるウイルスや細菌を退治するものではありません。

※1:感冒とは、くしゃみ、鼻水、発熱、倦怠感などの症状を示す急性の呼吸器疾患のことで、普通感冒が「風邪」、流行性感冒が「インフルエンザ」などを指します。

総合感冒薬の中身

　病院では症状から、あるいはウイルスや細菌の迅速検査から、病気の原因となるウイルスや細菌がわかる場合があります。原因が細菌であれば、細菌の増殖を妨げる抗生物質が処方されます[※2]。

　細菌は自分で増殖するので、それを妨ぐことができる抗生物質で症状をおさえ、病気を治すことができるのです。

　なお、抗生物質が処方された場合は、定められた量と回数を守って飲み切りましょう。症状が軽くなったからといって服用をやめると、後で述べる耐性菌を生んでしまいます。

抗生物質はウイルスには効かない

　これに対して、ウイルスは私たちの体の細胞の中に遺伝物質

※2：例えば、溶連菌（A群β溶血性連鎖球菌）の感染症にはペニシリン系抗生物質（抗菌薬）や第三世代のセフェム系抗生物質、マイコプラズマ感染症であればマクロライド系抗生物質といった具合です。

第4章 『健康・安全管理』にあふれる科学

（DNA や RNA）を送り込み、自分の複製をつくらせて増えていきます。ですから、基本的に**ウイルスに対しては抗生物質は効果がありません**[3]。しかし、ワクチンを打っておけば感染をおさえ、症状を軽減するのに有効です。また、特定のウイルスに効く抗ウイルス薬も開発されはじめています。インフルエンザに使うタミフルやリレンザが有名ですね。

総合感冒薬で症状をおさえるだけでは根本的な解決になりませんし、無理に出歩くとまわりに感染を広げる原因にもなります。まずはワクチンなどで病気を予防し、万が一具合が悪くなったら、きちんと病院を受診して休みましょう。

薬剤耐性菌に注意しよう

現在では、安易な抗生物質の投与は減ってきています。厚生労働省も軽いかぜや下痢の患者に対しては、抗生物質の投与を控えるよう呼びかけています。抗生物質を使いすぎると、薬が効かない、あるいは効きにくくなる「薬剤耐性菌」が増え、将来的に治療に有効な抗生物質がなくなる可能性があるためです。

薬剤耐性菌は淋病のような性行為感染症から、身近な細菌に至るまで確認されていて、黄色ブドウ球菌、緑膿菌のような細菌に効く抗生物質が万が一なくなってしまうと、手術やケガによって亡くなる人が激増する可能性があります。

厚生労働省は、このまま対策をとらないと、2050 年には薬剤耐性菌によって世界で年間 1 千万人もの人が亡くなると推計しています。薬や医療は有効に利用したいものですね。

※ 3：昔はかぜで病院にかかると、抗生物質が処方されることがよくありました。その理由は、症状が悪化して細菌による肺炎になることを恐れたことと、原因がウイルスではなかった場合に備えた予防的処置によるものだといわれています。

37 春にインフルエンザが流行するのはなぜ？

冬になると大流行するインフルエンザも「春になれば大丈夫」と思っている人が多いかもしれません。ところが実際はそうでもないのです。どういうことでしょうか。

インフルエンザウイルスとは

インフルエンザは、インフルエンザウイルスが引き起こす病気です。ところで、ウイルスは自分の力で増えることができません。ではどうやって増えるのでしょうか。

ウイルスは、他の生物の細胞に入り込んで乗っとり、細胞に自分のコピーをたくさん作らせることで増えていきます。細胞内でできたコピーは、さらに近くの細胞を乗っとります。このくり返しでウイルスは増えていくわけです。

これが「インフルエンザにかかった」状態です。

逆にいうと、生物の細胞に入り込めなければウイルスは増えることができません。冬はウイルスが細胞に入り込むチャンスが多くなり、流行するのです。

なぜ冬に大流行する？

冬は気温が低く、空気が乾燥しがちです。インフルエンザウイルスは、**気温と湿度が低いと活性を失いにくい**という特徴があります。まさに、冬の気候はインフルエンザにはもってこいなので

す。

また、空気が乾燥していると、咳をしたときに飛び散った飛沫が乾燥します。乾燥したウイルスは軽いために、長時間空気中を漂い感染が広がっていく可能性も指摘されています[1]。

私たち人間の側の問題もあります。空気が乾くと喉の粘膜が痛んでしまいます。異物から身を守る機能が落ちるので、そこからインフルエンザウイルスが細胞に入り込みやすくなってしまいます。

さらに、冬は気温が下がるため、体力が落ちる傾向があります。そのため、免疫の力が落ちて、ウイルスから体を守りきれないことが多くなるのです。

ウイルスから体を守るしくみ

ウイルスは、その種類によってどの生物のどこの細胞に入り込めるかが決まっています。たとえば、インフルエンザウイルスは私たちの喉の細胞から入り込みます。

とはいえ、私たちの体は外敵から身を守るしくみをいろいろ備えているので、そう簡単に入り込めるわけではありません。

ウイルスが喉につくと、体はそれを外に出そうとして咳き込みます。鼻の中につくと、それを洗い流すため鼻水が出ます。咳やくしゃみ、鼻水といった症状は、体の中に入ろうとしているウイルスなどを追い出すための手段なのです。

追い出すことに成功するとよいのですが、失敗すると細胞の中に入り込まれてしまいます。それでも、体はウイルスと戦う機能

※1:空気感染は、2009年の新型インフルエンザの時に大きな話題になりました。しかし、空気感染がどれほどあるのかは実はまだ分かっていません。今のところ、研究者の多くは空気感染については否定的です。

である免疫を持っているので、そこでウイルスの増殖を食い止められる場合もあります。

　残念ながらウイルスが増えてしまったら、高熱が出ます。これも免疫機能のひとつです。

ウイルスを不活性化し、体の免疫細胞を活性化するために、高熱が出るのです。

インフルエンザウイルスは喉から入り込む

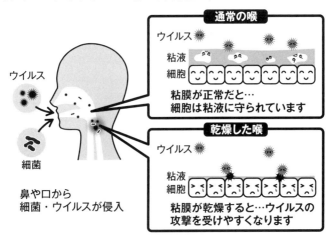

「春インフル」はB型が多い

　ところで、インフルエンザウイルスには、主に「A型」と「B型」があります。**A型は11〜3月、B型は1〜4月に流行することが多い**ようです。例年、B型の流行はA型よりも少し遅れてはじまります※2。

※2：「B型」は、流行のない年もあります。また、インフルエンザには「C型」もありますが、症状が重くならないので重要視されていません。

第4章　『健康・安全管理』にあふれる科学

　Ｂ型に感染した場合の症状も、基本的にはＡ型と変わりあり
ません。しかし、**Ａ型とくらべて高熱が出にくい、胃腸の症状が
出やすい**傾向があります。また、Ａ型ほど感染力が強くないので、
局地的な流行にとどまることも多いようです。

　一般的に考えるインフルエンザの流行期は、Ａ型のものです。
ですから、**Ｂ型に感染して高熱が出なかった場合は、気づかな
いままにインフルエンザにかかっているということもある**ので
す。もちろんその場合は、まわりにも感染させてしまいます。

　また、インフルエンザワクチンの効果は５か月程度なので、早
めに予防接種をした人は春には効果が薄らぐ可能性があります。
春からの新生活や花粉症で体力が奪われる時期でもあります。春
になっても、インフルエンザには用心しないといけませんね。

インフルエンザから身を守るには

　インフルエンザの対策は、一般的な感染症とあまり変わりませ
ん。まずは、手洗い・うがいを心がけましょう。とくに、石けん
での手洗いを何度も行うのがよいとされています。**ウイルスがつ
いている部分に手で触れて、そのあと顔を触ることで感染するこ
とが多い**と考えられるからです。できれば顔を洗うとよいという
研究者もいるほどです。また、感染防止と喉の乾燥防止のために、
マスクも有効です。加湿器などで部屋の湿度を下げないようにす
ることも効果があるでしょう。

　ひとつの方法だけではなく、いろいろな方法を組み合わせるこ
とで予防をするとよいでしょう。

38 静電気の「バチッ」はどうすれば防げるの？

冬の乾燥した時期に、ドアのノブや車のドアにふれた瞬間に、「バチッ」とショックを受けることがあります。どうすればこの不快な静電気を防ぐことができるのでしょうか。

静電気が起こるわけ

すべての物は原子からできています。

原子の中心にはプラス（＋）の電気をもった原子核という粒があります。原子核のまわりには、陽子や中性子よりずっと小さく軽い電子というマイナス（−）の電気をもった粒があります。

陽子1個のもつプラス電気と電子1個のもつマイナスの電気は、合わせるとちょうどゼロとなり、原子全体では電気をもっていないことになります。

2つの物をこすったり、つけたりすると、物質の中の原子にある電子がとび出したり、相手の物に入ったりします。そのとき、原子核の陽子は動かないでそのままです。

すると、電子をもらった方はマイナスの電気が多くなるために、マイナスの電気をおびる（帯電する）ことになります。

反対に、電子をあげた方は、マイナスの電気が少なくなるために、プラスに帯電します。

148

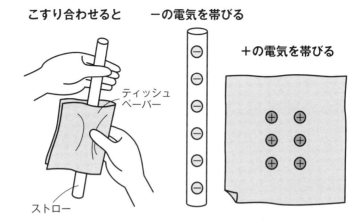

冬の乾燥した時期に静電気が起こりやすいわけ

帯電した物も、空気中に湿気があると、もっていた電気が空気中に逃げていきます（放電します）。電気が流れる物なら、放電しやすいところへ各所から電気が動いていき、どんどん放電していきます。

しかし、電気が流れない物（絶縁体）ではそうはいきません。電気がたまるだけで動きません。乾燥した冬に静電気がたまりやすいのは放電しにくいからです。**相対湿度が低くなり、物の表面の水がなくなると、放電が起こりにくくなり、強く帯電しやすくなる**のです。これらの放電では、電圧は高くても電流がとても小さいため感電して死ぬことはありませんが、痛くて不快です。

そんな乾燥した状態のときに、人が床の上を歩くと床との摩擦

で人には2万ボルトもの静電気が起きていたりします。

ドアのノブはドアにつながり、さらに金属や木などにつながり、大地に接地していることがほとんどです。すると、ノブは0ボルトです。そこへ、2万ボルトの静電気を帯びた人がノブに近づくので放電が起こります。

手とドアノブの放電のようす

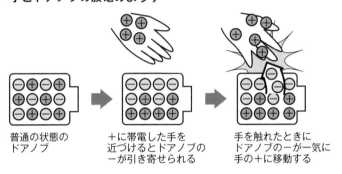

普通の状態のドアノブ　　＋に帯電した手を近づけるとドアノブの−が引き寄せられる　　手を触れたときにドアノブの−が一気に手の＋に移動する

静電気の「バチッ」対策

ドアのノブでの対策のひとつは、金属片（板鍵やボディに金属製のボールペンなど）をもって、まず金属片をノブにふれることです。ふつうにノブに手を近づけると、放電による火花の電流がとても狭い1箇所に集中して流れ、神経が敏感に反応します。そこで、金属片をまずふれさせると、金属片を握っている手全体に電流が分散するので、神経への刺激は少ないのです。

電流の分散で刺激を弱めるとしたら、握ってグーの状態や手の

ひら全体でノブに近づけるという方法もあります。

　他の対策もあります。ノブを触る前に、木やコンクリートの壁に手をタッチしておくのです。静電気から見ると木やコンクリートは絶縁体ではなく、ある程度電気が流れるものです。木やコンクリートでできた壁は、大地に接地していますから、人の帯電した静電気を逃がしておけるのです。近くにそんな壁がない場合は、ドアの本体にタッチしてもいいでしょう。

　車の乗り降りでも「バチッ」となることが多いですね。

　車の座席が絶縁体なら、運転している間に摩擦で静電気が生じます。車を降りるとき、座席から動き始める前に車体の金属部分に触りながら降ります。車体から大地に人の体の静電気を逃がしてやるのです。

　車に乗るときは、乗り込む前に地面に手の平をつけるのも効果があります。舗装の部分でも OK です。これも大地へ静電気を逃がす方法です。

　静電気の「バチッ」を防ぐ対策器具が販売されています。

　金属片を使うのと同じ原理の放電タイプです。キーホルダー型、カード型（価格はいずれも千円前後）などがあります。

　電気を帯びさせたアクリル布で実験したところ、カードなどの接触面積が大きいものほど効果も大きい、という結果でした。

39 幼児の誤飲はどう対処すればいい?

幼児が食べ物でないものを誤って飲み込んだり、のどや気管につまらせて重大な損傷を負い、ときには命に関わる事態を招くことがあります。どんなことに注意すべきでしょうか。

誤飲事故とは

10歳未満の子どもが、食べ物ではないものを飲み込んだり、気管に入れてしまったりするという事故が毎年多発しています。とくに乳幼児には身のまわりの物を何でも口に入れてみるという時期があります。口に入れるだけではなく、飲み込んだり吸い込むなどして体内に入れてしまうと、様々な症状を引き起こしてしまうことがあります。

実際に事故が生じたらどうなるのか、どうすればよいのか、事前にどんな点に注意したらよいのか知っておきましょう。

誤飲と誤嚥のちがいとは

「誤飲事故」には、誤飲と誤嚥の2種類があります。

子どもが口に食べ物ではない物を入れたとき、通常ははき出しますが、ときには飲み込んで食道から胃に入れてしまうことがあります。これを狭い意味で**誤飲**といい、消化管の内部を傷つけることや小腸で吸収されて中毒になることがあります。

また、口に入れたものを気管など呼吸器のほうに吸い込むこと

第4章　『健康・安全管理』にあふれる科学

は**誤嚥**といいます。誤嚥の場合に最も深刻なのが、気管をふさぐ窒息状態です。

誤飲・誤嚥の危険性が高いもの

種類	何が起こるか
たばこ（吸い殻もふくむ）	中毒
医薬品	中毒
ビニール・プラスチック製品	窒息
金属製品	中毒、消化管の傷害
化粧品・石鹸・洗剤類	中毒、消化管の傷害
食品の誤嚥	窒息、肺炎

誤飲事故の原因と起こってしまったときの対処法

　誤飲事故の原因となる、誤って飲んだり吸い込んだりしてしまうものの例をあげます。いずれの場合も速やかな受診が必要です。

【1】たばこ

　誤飲事故の原因で最も多いのがたばこです。未使用のたばこや吸い殻をかじる、消火した水を飲む（この水にはニコチンが溶け出しています[1]）といったケースがあります。

　たばこにふくまれるニコチンが吸収されると、中毒症状として嘔吐・意識障害を起こして呼吸が停止する可能性もあります。まず吐かせ、何も飲ませずに直ちに医療機関で受診することが必要です。

　たばこの誤飲は、満1歳前後の子どもで最も多くみられます。子どもの手の届く場所にたばこや灰皿を放置しない、空き缶を灰

※1：水に溶けたニコチンは吸収が早く症状も重いとされており注意が必要です。ニコチンの乳幼児における致死量の目安は、タバコ0.5〜1本分ほどです。

皿代わりにしない（誤って飲む危険）などの点に注意する必要が
あります。

【2】医薬品

　最近の医薬品やビタミン剤などは甘くておいしいものがあり、
子どもが大量に食べてしまう事故が起きています。

　体内に吸収されると医薬品の薬理作用により重い健康被害が生
じる危険があります。水などを飲ませて吐かせ、速やかな受診が
必要です。開けられないだろうと思った容器を開けてしまうこと
もあり、油断は禁物です。

【3】ビニール・プラスチック製品

　スーパーボールや風船などをのどに詰まらせることがあり、窒
息の原因となるため注意が必要です。3歳児が口を開けると平均
直径39ミリの球が入る大きさがあるため、それ以下のものは慎
重に扱う必要があります。おおよそピンポン玉の大きさ（直径
40ミリ）が目安になります。

【4】ボタン型電池、硬貨などの金属製品

　ボタン型電池は消化管に張り付くなどして放電し、消化管に穴
をあけるなどひどく傷つけるおそれがあります[※2]。電池を使う
玩具で遊ばせる時は蓋が閉まっていることを確認しましょう。

　その他金属類は速やかに受診し摘出するかどうかの判断を受け
る必要があります。

※2：とくにリチウムイオン電池は放電能力が高く、電池の寿命が切れるまで一定の電圧
を維持する特性があります。このため誤って飲み込むと消化管の中で放電し、危険なアル
カリ性液が生成されます。30分から1時間ほどで消化管の壁が損傷されるとされます。

154

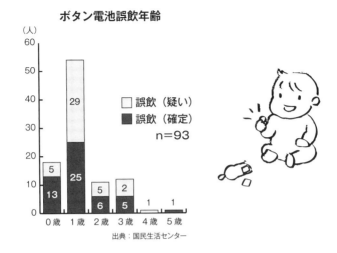

出典：国民生活センター

【5】化粧品類・石鹸類・洗剤類

マニキュアや除光液はここであげた中で最も危険性が高く、飲んだ場合は速やかに受診をする必要があります。誤嚥によって化学性肺炎を引き起こす危険もあるため、無理にはき出させることもやめましょう。

せっけん類の場合は、様子を見て何らかの症状があれば受診してください。

ほかにも餅などの食品類による窒息など、多くの例があります。周囲の大人が最善の注意を払って誤飲事故を防止しましょう。

40 ヒートショック死を防ぐには夕食前の入浴がいい？

> ヒートショックとは、温度の急激な変化によって体が受ける影響のことです。ヒートショックが原因の脳卒中は、高齢者が寝たきりになるきっかけとして最も多いといわれています。

危険！冬の入浴

　冬の入浴時に起きる「ヒートショック」とは、寒い脱衣室や浴室内で血管が縮んで血圧が上がり、熱いお湯につかると血管が急激に広がって血圧が低下することをいいます。高血圧症、糖尿病、動脈硬化、不整脈、肥満などの人はとくに影響を受けやすく、立ちくらみや転倒によってすべって頭を打ったり、意識を失ってしまうことによる浴槽内溺死の危険性もあります。

　入浴中に心肺機能が停止する人は交通事故死亡者よりも多く、毎年約1万人いるといわれています。原因の多くは脳卒中（脳出血、脳梗塞）や心筋梗塞などで、12月～3月に多発しています。

　厚生労働省の人口動態統計によると、家庭の浴槽での溺死者数は、近年10年間で約1.7倍に増加しています。このうちの約9割が65歳以上とのことで、高齢者数の増加に伴い入浴中の事故死が増えていると考えられます。

　冬の入浴時にヒートショックを防ぐためには、どのような対策をすればよいのでしょうか。

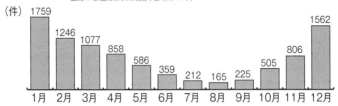

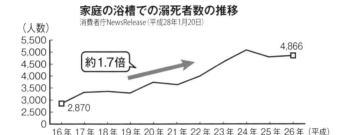

ヒートショックを防ぐために

冬の入浴時のヒートショックを防ぐためには、次の対策方法が考えられます。

【1】夕食・飲酒前に入浴

夕食前であれば、早朝や夜遅い時間よりも脱衣所や浴室がそれほど冷え込まないことに加え、生理機能が高いうちに入浴することで温度差への対応がしやすいです。夕食直後や飲酒時の入浴は、血圧が急激に下がりやすくなるため控えましょう。

【2】脱衣所や浴室をあたためる

ヒートショックの原因は「温度差」によるところが大きいです。この温度差を和らげるため、脱衣室や浴室を温めます。脱衣室は、専用の暖房器具の使用が望ましいです。浴室内では、高い位置からシャワーのお湯を出して浴槽へお湯をはることで、浴室全体を温めることもできます。

また高齢の場合、一番風呂を避けて、浴室が十分に温まったあとの入浴が安心です。

【3】41℃以下で10分以内

41℃以下の湯温で、湯船に浸かる時間は10分以内にして体を温めすぎないようにすると、急激な血圧低下を防げます。

高温や長湯でのぼせて、ボーッとなって意識障害が起こると、浴室熱中症の危険や溺死事故につながる場合もあります。また、脱水による血栓症の予防のため、入浴前後の水分補給も大切です。

【4】浴槽で急に立ち上がらない

入浴中には、お湯で体全体に水圧がかかっています。その状態から急に立ち上がると体にかかっていた水圧がなくなり、圧迫されていた血管が一気に拡張します。すると、脳に行く血液が減って脳は貧血状態になり、一過性の意識障害を起こすこともあります。

浴槽から出るときには、手すりや浴槽のへりを使ってゆっくりと立ち上がりましょう。

入前後における血圧の推移イメージ

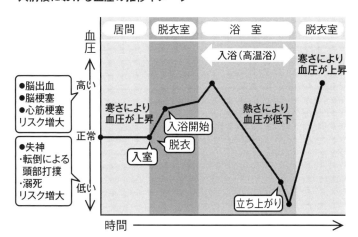

寒冷地に学ぶ住宅の冬支度

ヒートショックが原因と思われる死亡例は、高齢者数の増加にともない、東京や西日本では増加傾向が見られます。逆に、近年最も少ないのは、意外にも寒冷地である北海道なのだそうです。

ヒートショックの要因となる住環境のリスクを減らすためには、寒冷地の住宅の冬支度への取り組みが参考になります。

部屋の断熱性能を上げることや、脱衣室や浴室への専用の暖房機の設置など、リフォームや設備の改善に投資することも、高齢者に限らず命を守るために大切なことです。

41 冬に多発する一酸化炭素中毒はどう防ぐ？

残念なことに毎年犠牲者が出てしまう一酸化炭素中毒。目に見えない一酸化炭素から身を守るにはどのようなことに気をつければよいのでしょうか。

知らないうちに忍び寄るサイレント・キラー

自覚症状がないため、危険を意識しないまま突然命にかかわる病気になることを「サイレント・キラー（沈黙の殺人者）」といいます。一酸化炭素中毒の恐ろしいところは、このサイレント・キラーであることです。

一酸化炭素は無味・無臭で気づきにくく、頭痛などの急性症状はあるものの、いつの間にか意識を失ってしまうことが多いという特徴があります。命の危険な状態にさらされ、「いつの間にか死に至る」のです。こうならないためには、一酸化炭素（中毒）を理解し、発生させない工夫が必要です。

一酸化炭素の性質とは

炭素をふくむ有機物が燃焼すると、炭素に酸素分子が結びついた二酸化炭素（CO_2）が発生します。しかし、酸素が不足した状態で不完全燃焼が起こると、一酸化炭素（CO）が生じてしまいます。もっとも、燃焼させているときには、いつでもある程度の一酸化炭素が発生しています。

一酸化炭素は無色・無味・無臭の気体です。

一酸化炭素が人体に問題を起こす原因は何でしょうか。人は空気中の酸素を呼吸によって取り入れています。肺に吸い込まれた空気のうちの約2割が酸素です。

酸素は血液の赤血球にふくまれるヘモグロビンという物質と結びついて全身をめぐります。ヘモグロビンは酸素の少ない場所にたどり着くと酸素を離すという性質があるため、体の隅々にまで酸素を届けることができるのです。

ところが、**ヘモグロビンは酸素よりも一酸化炭素と結びつきやすい性質があります**。その結合の強さは酸素の200倍以上です。一酸化炭素を吸いこむと、ヘモグロビンは酸素ではなく一酸化炭素と結びついてしまい、体に酸素を運ぶことができなくなるのです。

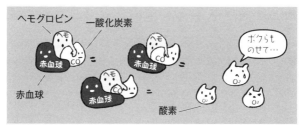

日常生活の中に潜む危険

技術革新が著しい今日になっても一酸化炭素中毒がなくならない理由はどこにあるのでしょうか。実はこの技術革新こそが、一酸化炭素中毒の原因のひとつになっています。

それは建物の気密性です。以前は家屋のなかに隙間が多くあり

ましたが、最近では気密性の高い建物が増えています。

　こうしたところで物が燃えると予想以上に酸素が消費され、不完全燃焼を起こす可能性が高まります。その結果、部屋の中の一酸化炭素濃度が上昇し、中毒を起こすことになります。

　一酸化炭素を出す危険性がある器具には「こまめな換気が必要です」と注意書きがありますので、とくに注意が必要です。

　冬場は「窓を開けるのは面倒」と思う人も少なくないでしょう。このようなときは換気扇をまわすだけでも効果的です。一酸化炭素を出すことがない電磁調理器や電気ストーブを利用するのもよいでしょう。

　家の中を見渡すとさらに気密性の高い場所がもうひとつあります。それはお風呂です。

　追い焚きできるタイプのバランス釜がある家は要注意です。

　ガスを燃焼させた吸気・排気は屋外に出されるように作られています。ところがここで換気扇をまわすと、せっかく外に排気するはずの一酸化炭素が、狭い浴室内に引き戻される可能性があります。

　いまは一般住宅向けの一酸化炭素警報機が安価で売られていますから、対策するといいかもしれません。

屋外にもある危険

　ここ数年、必ず起こっている一酸化炭素中毒の代表例は自動車の排気ガスによるものです。

　自動車の排気ガスは、マフラーから外に排出されるようにつく

られています。これが整備不良のため、排気系に穴が開いたまま
で排気が流入したり、吹雪などによって車が雪に埋もれ、排気が
逆流したりすることがあります。狭い車内ですから、あっという
間に一酸化炭素の濃度は高くなってしまい注意が必要です。車
庫の中でエンジンをかけっぱなしにしておくことも同様に危険で
す。

　屋外で最も心配なのはキャンプ用のテントの中で火気を使うこ
とです。とくに、一酸化炭素を多く発生させる七輪や練炭コンロ
をテント内で使うのは絶対にやめましょう。

もし一酸化炭素中毒になったら

　冬は一酸化中毒が多発します。ガスコンロや石油ストーブ、火
鉢などの火をよく使うことと、寒いために部屋を締め切ったまま
にしがちだからです。

　一酸化炭素中毒になった場合は、すぐに新鮮な空気を吸えるよ
うにしましょう。暖房器具を止めて速やかに室内を換気してくだ
さい。意識がないなど症状が重い場合はすぐに救急車を呼んでく
ださい。

空気中の一酸化炭素濃度と吸入時間による中毒症状

1.28%—1〜3 分間で死亡

0.32%—5〜10 分間で頭痛・めまい・30 分間で死亡

0.16%—20 分間で頭痛・めまい・吐き気、2 時間で死亡

0.04%—1〜2 時間で前頭痛・吐き気、2.5〜3.5 時間で後頭痛

42 火災を起こす「発火点」と「引火点」って何?

火事は燃えてしまって何も残らない悲しいものです。物が燃えるのに必要な3つの条件を知って、火事の予防に努めましょう。

物が燃える3条件

火事が起こる、つまり建物などの物が燃えるためには条件があります。まず燃える物質が必要です。次に、いつも新しい空気(酸素)が燃える物質のところにやってくる必要があります。さらに、ある一定以上の温度にならないと燃焼ははじまりません。

まとめると、物が燃える条件は、次の3つです。

【1】燃える物質(可燃物)

【2】酸素

【3】ある一定以上の温度(固体の場合、発火点)

物質に火をつけることができる最低温度が発火点です。物質を空気中において、だんだん温度を上げていき、**発火点になるとひとりでに燃え出します**。なお、灯油などでは、**火を近づけたとき物質に火がつくことを引火**といい、引火がおこる最低温度を引火温度(引火点)といいます。

私たちのまわりには燃える物質(可燃物)と酸素はたくさんあります。火災を予防するための「火の用心」は発火点や引火点にならないように火種を始末することです。

発火点	
火がなくても発火する最低温度	
木材	250〜260℃
新聞紙	291℃
木炭	250〜300℃

引火点	
火を近づけた瞬間に引火する最低温度	
ガソリン	-43℃以下
灯油	40〜60℃

出典：『理科年表』平成 29 年（第 90 冊）

年間の出火件数はどれくらい？

2013 年の総務省統計では、日本における出火件数は約 5 万件で、2006 年からの 8 年間でそれほどの増減は見られません。一方で火災による死者数は、2006 年の 2000 人ほどから毎年のように減っていき、2013 年には約 1600 人となっています。

海外消防情報センターのまとめ（2008 年 3 月）によると、アメリカ[1]では、出火件数は 160 万件を上回る一方で、火災による死者数は 4000 人を超えるほどです。出火件数に占める死者の割合は日本より低くなっています。

またイギリス[2]では、出火件数が約 39 万件なのに対し、火災による死者数は 600 人ほどです。他の国や都市部と比較してみても、日本は出火件数のわりに火災による死亡者数が多いような印象を受けます。

※ 1：面積は日本の 25 倍、人口は同 2.3 倍です。
※ 2：面積は日本の 64 パーセント、人口は 43 パーセントです。

国別三大火災原因

国名\順位	アメリカ	イギリス	ドイツ	フランス	韓国	オーストラリア
1位	裸火	調理機器	取扱い不適	原因不明	電気	子どもの火遊び
2位	電機	たばこ	監督者不在	放火の疑い	たばこ	放火及びその疑い
3位	放火(ニューヨーク市)	電気器具	放火(バルリン市)	機械故障	放火	放置・投げ捨て(ニューサウスウェルズ州)

　下のグラフは日本における火災の原因を多い順に表したものです。他国の例に合わせて「放火及びその疑い」とするなら、他の原因をおさえて突出していることがわかるでしょう。

全火災の出火原因別件数（平成 25 年）

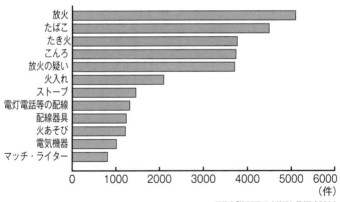

総務省「第65回 日本統計年鑑(平成28年)

なお、グラフ中の「火入れ」とは野焼きなど屋外で火を放った結果、制御できないくらい燃え広がったものを指します。

日・英・米での住宅火災に限った放火等を除く出火原因では、日本と英国は調理器具が多いのに対し、米国では暖房器具が多く、死者が出た住宅火災の出火原因では各国ともたばこが1位です。

こうしてみると、日本では火遊びをさせないなど子どもへのしつけはよくできているようですが、火を使っている最中に目を離す、調理器具の不適切な使用など、大人の不注意が原因のものを減らすことが課題といえるでしょう。

放火という原因に隠された秘密

日本での出火原因は「放火及びその疑い」が他国に比べて突出しているといってよいでしょう。

このうち死亡者が出ているものの多くは放火自殺によるもので、全火災死亡者の約4割を占めているのです。自殺じたい悲しいことですが、その手段としてまわりからも多くのものを奪っていく放火という手段を選択するのはなおさらです。

失われる財産

火災による損害はどのくらいなのでしょうか。実はGDP（国民総生産）の実に0.1パーセントという試算があります。燃えてしまったら財産も、思い出の品々も、何も残りません。あと少しの気配りで火災は減らせます。

167

第5章
『先端技術・乗り物』にあふれる科学

43 太陽電池はどうやって発電しているの?

> 光から発電する太陽電池は、電卓、腕時計、街路灯から人工衛星、宇宙ステーションまで幅広く使われていますね。どのように電気を生み出しているのでしょうか。

電池の種類は2つある

電池には化学電池と物理電池があります。

化学電池は内部の化学反応によって電気を起こし、その電気エネルギーを取り出します。乾電池や充電式電池などがこれです。

物理電池は化学反応はおこなわずに、光や熱などのエネルギーを電気エネルギーへ変換する変換装置で、太陽電池はこれにあたります。タイプとしてはシリコン太陽電池のほか、様々な化合物半導体を素材にしたものがあります[1]。

太陽電池のしくみ

太陽光に当たったアスファルトが熱くなるのは、太陽の光エネルギーがアスファルトに吸収され、熱エネルギーに変わったからです。通常、熱になったエネルギーは周囲の物や空気に伝わって散逸していきます。

太陽電池は、太陽光が持つ光エネルギーを吸収し、熱になる前に電気的なエネルギー(電力)に変換します。

[1]:よく磨いた金属に光を当てると金属から電子が飛び出します。これを「光電効果」といいます。一般的な光電効果では電子が外に飛び出してしまうため、物質の内部で光電効果を起こし電流を取り出すことが必要です。そのために使われるのが半導体です。

170

第5章　『先端技術・乗り物』にあふれる科学』

家庭用の太陽電池システム

家庭用の太陽電池システムは、太陽電池を並べてパネル状にした太陽電池モジュール（太陽光パネル）を屋根などに設置します。

発電されるのは直流電力ですが、パワーコンディショナーで家電製品で使えるように交流電力に変換します。発電モニターでリアルタイムに発電量や消費電力、売電・買電の状況をタッチパネル形式で確認できます。

クリーンだが発電効率に課題

太陽電池は「電池」という名前がついていますが、電気を蓄える機能はなく、持っているのは発電機能だけです。光を当てているあいだのみ発電が持続します。燃料を使わず排気ガスも出さず、化石燃料も消費しないクリーンなエネルギーといえます。地球環境とエネルギーの問題を解決するうえでも注目されています。今後はさらに変換効率を上げていくことが課題です[2]。

コストダウンはどこまで可能か

ドイツは世界最大の太陽光発電導入国で、2012年に家庭用電力料金と太陽光発電システムの発電コストが同じになりました。2013年には家庭用電力料金を下回り、2017年以降は政府の支援が不要になっています。

日本でも2020年に業務用電力並み（1キロワット時14円）、2030年には火力発電並み（同7円）の発電コストを実現し、主要なエネルギー源の1つに発展させることを目指しています[3]。

※2：太陽光発電の変換効率（発電効率）は15〜20％程度です。水力発電（80〜90％）、火力発電（約40％）、原子力発電（約33％）と比べても低いことが課題です。
※3：NEDO（新エネルギー・産業技術総合開発機構）が発表しました。

171

44 ドローンはラジコンヘリとは全然ちがう?

プロペラがいくつもついたヘリコプターのようなドローン。昔からあったラジコンの模型飛行機などとは何がちがい、どうして急速に普及したのでしょうか。

由来はSF小説に出てくる工作ロボット

最近、テレビなどで空中から撮影された動画をよく見るようになりました。こうした場面で使われるようになったのが、ドローンとよばれる小型航空機です。

「ドローン」は、1979年発表のSF小説『未来の二つの顔』[※1]に登場する飛行型工作ロボットです。ハチの羽音のようなブーンという音をたてて飛ぶのが名前の由来といわれています。

簡単に飛ばせるマルチコプター

よく見かけるプロペラが複数ついたドローンは、正確にはマルチコプターとよばれるものです。従来のラジコン型ヘリコプターは、本物のヘリコプター同様、高い技術が必要で、正確に飛ばすには長時間の訓練が欠かせませんでした。

しかし、**ドローンは飛行を安定させるための技術をコンピューターに担わせて、操縦者は高度や方向を指示するだけで取り扱いができるようになりました**。さらに、GPSを使用して飛行ルートを指定することや、搭載したカメラから転送した画像をゴーグ

※1：ジェイムズ・P・ホーガン著。作品の中で、人類の軍隊と人工知能が操るドローンが戦闘を繰り広げる場面があり、これからの社会を予見させるような名作です。
※2：東京23区内では許可なく飛ばせる場所はほとんどありません。

ルで見ながら操縦することができる機種もあります。従来の無線航空機にくらべて、はるかに手軽で広範な利用が考えられるようになりました。

このように高機能で取り回しがよく、しかも比較的安価に入手できるようになったことから、急速に普及したのです。

将来的には家庭への宅配にも利用できるようになるともいわれており、ドローンの可能性はまだまだ広がっていきそうです。

ドローンの危険性と規制

一方で、ドローンには危険性や懸念もあります。

ひとつは、操縦に使う Wi-Fi や無線の電波の規制が国ごとに異なり、みだりに利用すると混乱の原因になりかねないことです。

また、飛行物特有の事故を引き起こす懸念もあります。小さなドローンでも、旅客機やヘリコプターなどの航空機にぶつかるとエンジンの故障やテイルローターなどの重要部品の故障など、重大な事故につながりかねません。

そうしたこともあり、日本では 2015 年 12 月にドローン規制法（改正航空法）が施行されました。200 グラム以上のドローンには飛行禁止エリアが設定された[2] ほか、飛行方法に安全のための制限が加えられています。

ドローンは軍事分野でも研究が進んでいます[3]。民間機も積載能力があるものはテロなどに利用される可能性があります。このため、飛行監視や飛行中のドローンを停止させる技術の開発も進められています。

※3：米軍の無人航空機（Unmanned aerial vehicle, UAV）である無人偵察機「RQ-1 プレデター」は、2000 年代からアフガニスタンで情報収集用として運用がはじまりました。現在では武器も搭載し攻撃用としても実戦使用されています。

45 GPSはどうやって位置を特定しているの?

GPSからの位置情報を利用し、地図データとドッキングして車のナビゲーションを行うのがカーナビです。GPSはどのように位置を特定しているのでしょうか。

GPS衛星とは

GPS（Global Positioning System）は「全地球測位システム」とよばれ、人工衛星からの電波を受信することで位置を正確に測定する装置です。上空には数多くの人工衛星が飛び交っています。

もともとは軍事目的で打ち上げられたものが民生利用されたもので、今では私たちのさまざまな生活に役立てられています。

GPS衛星は地球上空をすべてカバーするように配置され、その位置情報と時刻情報を電波で地表に向けて発信しています。

そこで、GPS衛星からの電波発信時刻と受信機での受信時刻の差からかかった時間を計算し、その値に光速をかけると、人工衛星と受信機との距離を求めることができます[※1]。

人工衛星の出す時刻情報は完ぺきな正確さが求められます。なぜなら、光の速さは秒速30万キロメートルと非常に大きいため、少しの時間の誤差が大きな差となってしまうからです。そのため、GPS衛星では原子時計[※2]が利用されています。

※1：使うのは、距離＝速さ×時間という計算式です。
※2：正式名称は「原子周波数標準器」といい、マイクロ波の周波数を確認することで、1秒の長さを決めるものです。誤差は1万年から10万年に1秒程度です。

GPS とカーナビのしくみ

 さて、受信機は GPS 人工衛星からのデータを受信して衛星と自分との距離を計算しますが、1 個の衛星からの情報だけでは地球上での受信機の位置を割りだすことはできません。

 たとえば、ひとつの衛星からの距離が R であると計算できたとしましょう。そうすると受信機の位置は人工衛星からの R の半径の球表面上にあるとわかるだけです（図1）。

図1

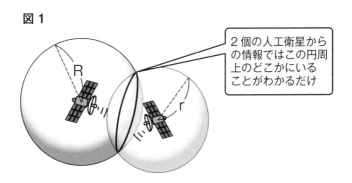

 人工衛星がもうひとつあれば、同様にある半径 r の球表面上にいるということが計算によりわかります。

 これら 2 つの情報から、受信機は 2 つの球の交差する円周上に位置することがわかりますが、これでもまだ使えません。

 さらにもうひとつの衛星からの情報を得ることができれば、それらの球表面が交錯する 2 点にまで絞ることができます（図2）。

図2

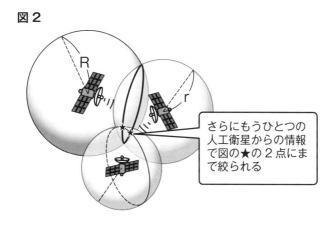

さらにもうひとつの人工衛星からの情報で図の★の2点にまで絞られる

　ここで、さらにもうひとつの衛星からの情報があれば、完全に受信機の位置を確定できます。しかし、原理的にはカーナビであれば、衛星は3つでも位置情報の計算は可能です。なぜなら、受信機は地球表面上に位置するからです（図3）。

図3

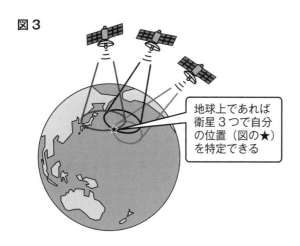

地球上であれば衛星3つで自分の位置（図の★）を特定できる

こうした GPS 技術は、1996 年 3 月、米国の政策変更により、誰でも自由に民生用信号を利用できるようになりました。

ただし、主開発国のアメリカは当初、GPS のデータを故意に粗くして他国の軍事利用を阻んできました。当時、日本ではこの GPS の有効性にいち早く気づき、自動車のカーナビゲーションシステムなどを開発してきた経緯があります。

当初は得られるデータが粗いため、位置情報にかなりの誤差がありました。そのため、自動車の距離計などから位置補正をする必要があったのです。

しかし 2000 年 5 月には、GPS の精度を意図的に劣化させることが廃止され、GPS の精度は従来の 10 倍以上に向上しました[3]。

現在、航空機や自動車、列車などの交通機関はもちろん、個人の持つスマートフォンにまで GPS 受信機能が搭載されています。地図を正確に作成し、取得した GPS データを地図上にのせることで、自分が地図上のどこにいるかが瞬時にわかるようになりました。これがナビゲーションシステムです。

また、スマホなどで撮影した写真に正確な位置情報を付加することができるようになりました。

さらに相対論的な効果を厳密に計算することで、誤差数センチまで精度を高めることができます。したがって、地殻変動などをリアルタイムかつ精密に測定することが可能になり、地震予知や早期警戒の可能性に期待が集まっているのです。

※ 3：日本はこうした「衛星測位」を米国に依存しています。現在日本版 GPS の構築が準備されており、2018 年から日本独自の衛星が 4 機体制となって本格稼働する見込みです。23 年度には 7 機体制となり、米国の GPS に頼らずに済むことになります。

46 3D プリンターはどうやって「印刷」するの？

近年よく知られるようになった 3D プリンターは、立体的なもの
を印刷する印刷機です。コップやお皿のような日用品から、再
生医療に使う骨まで、さまざまなものをつくることができます。

3D プリンターとは

3D プリンターは立体印刷機ともいい、日本人が発明したもの
です。1980 年代、開発されて間もない頃にはごく一部の人しか
知らなかった 3D プリンターも、2017 年現在では広く知られるよ
うになりました。

3D プリンターのしくみは、①まずコンピューターで作りたい
ものの 3D データを作成し、②作成した 3D データを下から輪切
りにします。そして、③低いほうから 1 層ずつ、材料を少しずつ
積み重ねて作っていくというものです。

1 層の厚みは数マイクロメートル（μm）で、1 ミリメートルの
1000 分の 1 ほどになります。ごく薄い層を少しずつ重ねていく
のです。

加熱をするもの ＜熱溶解編＞

現在個人向けの 3D プリンターの主流となっているのは「熱溶
解積層法」です。その名の通り、材料を熱で溶かして押し出し、
形にしていきます。

178

材料に使われているのはABS樹脂(アクリロニトリル・ブタジエン・スチレンの合成樹脂)とよばれる物質です。これはプラスチックの一種で、熱をかけるとやわらかくなり、冷えると固くなる、という性質があります。この性質を熱可塑性といいます。この熱可塑性をいかして、熱で溶かして加工しやすいようにしておき、形を整えて冷やして固める、という方法をとっています。

形によっては支えがないとうまく作れないこともありますので、外部をPVA(ポリビニルアルコール)というサポート材で支え、形ができたらサポート材だけを水に溶かして取り除いています。

この方法では、色のついた材料を使うことにより、カラフルな製品をつくることも可能です。

ただし、表面を溶かしては冷やすことを繰り返すので、層の境界が目立ちやすく、なめらかなものを作りたいときには向いていません。

基本的なしくみ

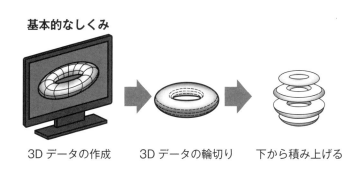

3Dデータの作成　　3Dデータの輪切り　　下から積み上げる

※1：ABS樹脂は、耐衝撃性や高い剛性を持ち、加工も容易で、表面も光沢で美しい仕上がりが可能です。ＯＡ機器、自動車部品(内外装品)、ゲーム機、建築部材(室内用)、電気製品(エアコン、冷蔵庫)など幅広く使われている素材です。

加熱をするもの ＜焼結編＞

こちらは材料として、銅やチタンといった金属や、セラミックの粉末を1層分敷き詰めて、レーザーによって焼き固める方法です。材料が粉末なので複雑な形を作ることができますが、「焼いて」いるので、表面にざらつきが生じます。

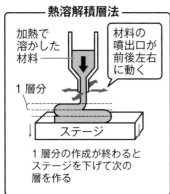
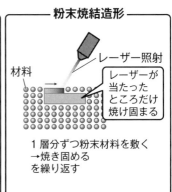

光をあてるもの

この方法は、材料に紫外線やレーザーを当てると固まる樹脂を使ったものです。インクジェットプリンターのように材料を吹きつけるものや、樹脂の液体に浸した状態で作成するものがあります。いずれの場合も、エポキシ樹脂やアクリル樹脂といった材料を使い、光を当てて1層ずつ作ります。光を精密にあてることで複雑な形状で固めることができますが、固まりすぎて壊れやすくなるというデメリットがあります。

第5章 『先端技術・乗り物』にあふれる科学』

47 ICカードや非接触充電のしくみはどうなっているの？

ピッとかざすだけで、一瞬で改札を通過できるICカードはとても便利ですね。一瞬で情報を読み取り、書きかえるしくみはどうなっているのでしょうか。

電磁誘導でメモリーを書きかえる

ドーナツ状になっている導線（金属）のまわりで磁場（磁界）が変化すると、金属内に電流が流れます。これは「電磁誘導」という現象です。

ICカードの内部にはコイルが入っています。カードを読みとるところには磁場が発生していて、カードがその磁場を通るときにコイルに電流が発生して、カード内のメモリーの記録を書きかえます。こうして多くの人が、毎日改札口で「電磁誘導・エネルギー輸送実験」をしているわけです。

ICカードの仕組み

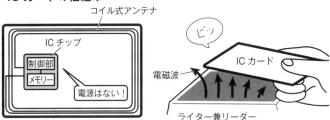

※１：RFIDとは、RFIDタグとよばれる媒体に記憶された個別情報を、無線通信によって読み書き（データ呼び出し・登録・削除・更新など）をおこなう自動認識システムのことです。

181

改札口側へも変動で情報を与える

実際は、カードが近づいたため、改札口の装置方も反作用として、チップから送信情報として送り返されたものを受け、回路の電流が変わります。これを素早く読み取って、改札口の開閉装置を操作し、さらに接続されたコンピュータにも情報を送っています。つまり、改札口の装置は、カードのメモリーを書きかえると同時に、カードから情報を受け取ることもしている「ライター兼リーダー」なのです。

この間 0.3 秒程度の時間ですませているため、カードをあてる角度などに微妙な問題もあって、まごつく人も多いのです。

この技術は IC タグからの転用である。

改札口に使われる前は、IC タグとして商品に付けられ、店員さんが手元のライター兼リーダーで情報をやり取りしていました。ラジオ周波数の電波を使って、記録されていた個体情報（品目、価格など）を読み取っており、一般的にはこれを RFID（Radio Frequency IDentification）とよんでいます[1]。コンビニなどでは RFID を使って客が自ら精算するシステムが試みられています。

非接触充電の広がり

このことは、電力の輸送は機器を接触させなくても可能であることを示しています[2]。実際にこのしくみで、携帯電話などを充電する装置もあります。ただし、効率という面ではプラグを使

※ 2：情報の伝達とエネルギーの輸送の間に明確な区別はありません。また、電磁誘導による伝達輸送と電波による伝達輸送の間にも多くの段階があって用語も統一されていません。実際、中間的段階について、現在盛んに研究開発が進んでいます。

ったものにくらべて劣るため、それほど普及はしていないようです。非接触充電は電動バスの充電にも使われている例があります。運転手がプラグをつなぐことなく電池の充電が可能です。

スマートフォンの非接触充電

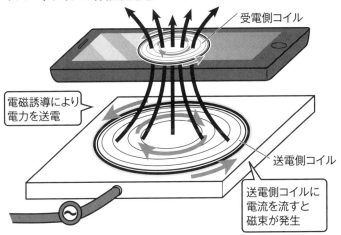

電気自動車の非接触充電（イメージ）

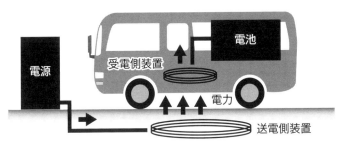

48 生体認証は本当に安全なの?

スマートフォンやパソコンでは、パスコードの入力ではなく生体認証によってロック解除をおこなうことが増えてきました。便利な反面、個人情報の流出や不正利用の心配はないのでしょうか。

生体認証のいろいろ

アクションものや SF 映画では、先進的なシステムとして目の虹彩（瞳の部分の模様）や網膜の血管パターンで本人を確認する場面がよく出てきますね。こうした本人認証方法を生体認証（バイオメトリクス認証）といいます。

これは、顔をカメラで写す、指を指紋リーダーでスキャンするなど、私たちの体の一部の特徴を使って本人確認をするしくみです。目鼻などのパーツの位置や形、指紋の場合は渦や模様の場所、曲がり方などの特徴を抽出し、事前に保存しておいた特徴とカメラ映像をコンピュータが比較して判断します。

Windows10 の生体認証機能「Windows Hello」では、パソコンに内蔵したカメラで利用者を撮影したり、指紋リーダーで本人確認をしたりすることで、パソコンのロックを解除できるようになりました。また、Android を採用したスマートフォンでは、本人の声による音声認証でロックを解除できるものもあります。

最も一般的な認証方法は指紋によるものですが、最近では、一部のスマートフォンで虹彩認証を導入する例も出てきました。今

184

後もますます生体認証を利活用する場面が広がっていくことでしょう。

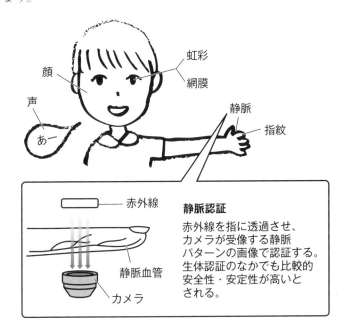

生体認証のメリット

　生体認証は本人が持っている身体の特徴を利用するため、パスワードを覚えたり、いちいち打ち込む必要がないというメリットがあります。キャッシュカードや印鑑をいちいち持ち歩く必要もなくなります。また、カードや印鑑は盗まれることがありますが、本人の顔や指そのものは盗むわけにはいきません。

こうした利点をいかし、一部の銀行は指紋認証のみで ATM を利用できるサービスの実証実験を 2016 年から開始しています。

生体認証の問題点

一方で、生体認証の欠点にはどんなものがあるでしょうか。

私たちの顔かたちは加齢によって変化しますし、化粧でも外見は大きく変わります。また、指紋は指が荒れたり、手が汚れていたりすると照合結果がエラーとなることがあります。

身体的特徴が変化しても認証できるようにすると、こんどは似た特徴をもつ他人を本人とまちがえる危険性が出てきます。

たとえば旧型の顔を利用した生体認証では、一卵性双生児を区別できないことがありました。

偽造やデータ盗用の危険はないのか

顔写真や録音、撮影された虹彩の画像、採取した指紋などから再現されたニセの指紋などが認証を通ってしまうと、印鑑よりも偽造が簡単になってしまう可能性があります。

私たちが使用するスマートフォンやデジタルカメラの解像度は今では非常に高くなり、日常なにげなく撮影し SNS などにアップしている写真からも、顔や虹彩、指紋といった生体認証に利用できる情報が盗めるのではないか、と危惧する専門家もいます。

このため、外部から見えない網膜の血管、手や指の静脈パターンなどを利用するシステムも実用化されています。

顔認証では、欠点を克服するために、化粧や加齢による変化の

影響を受けにくい部分の特徴を抜き出し、偽装を防ぐしくみやがあります。

前出の「Windows Hello」では、写真や動画では認証が通らないようになっており、複数回データを登録して認証精度を高める対策をしています。こうすることで、人間には判断がつかない細かな特徴を抽出し、一卵性双生児でも区別できるほどの精度を持っています。また、加齢による変化を学習するシステムもあります。

一方、画像を処理するシステムに顔写真や指紋パターンが保存されていた場合、ハッキングによって盗まれたら同じものを認証に利用するシステムが一斉に被害にあう可能性があります

そのため、データを直接保存するのではなく、特徴を数値化し暗号化したものを保存するなど、情報の盗み出しに対する防御も高度になってきました。これなら、データが流出しても簡単に不正利用がされる事態は避けられそうです。

新しい技術は便利ですが、100パーセント安全とはいい切れません。妄信せずに使いこなしたいものですね。

iphoneでは猫の肉球でも認証登録できるらしい…

49 バーコードや QR コードのしくみは どうなっているの？

> バーコードからは商品の値段が、QR コードからはアドレスや
> キャンペーン情報が一瞬で読み取れますね。どんな決まりで情
> 報を読み込んでいるのでしょうか。

バーコードのしくみ

バーコードとは、**JAN コード**（Japan Article Number）とい
う国際的に使われている共通商品コードです。バーコードの縞模
様を拡大してみると、ひとつの数字を表すために白色と黒色の線
（モジュール）を 7 本も組み合わせていることがわかります。

一般的な JAN コードは 13 桁です。まず、最も左側の 2 桁の数
字は「国コード」です。この数字は世界的に EAN 協会が管理し
ていて、日本は 49 と 45 という 2 つの国コードが与えられていま
す。国コードに続く 7 桁の数字が「企業メーカーコード」です。
事業者の申請を受け、流通システム開発センターが設定していま
す。続く「商品アイテムコード」は、001 〜 999 の範囲で事業者
が任意で設定する 3 桁の数字です。

一般に、同じ規格の商品には同じバーコードをつけたうえで、
価格設定を販売店ごとにおこないます。バーコードをスキャンし
たときにその販売店のデータベースに照会するので、販売店によ
って価格を変えたり、日によって価格を変えたりすることができ

ます。

末尾の「チェックデジット (CD)」は、読み取りエラーを防止するためにあります。他のコードとはちがい、いくつかの計算方法を複合的に使って算出します。

例えば、CD以外の12桁を右から見て奇数桁の和を3倍し、偶数桁の和を足す。その答えの1の位を10から引いた数字をCDに設定する、といった計算方法です。

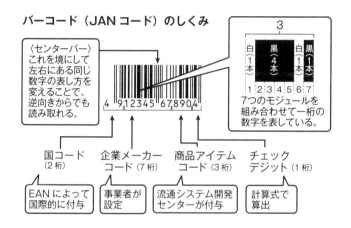

チェックデジットの計算方法
① 末尾の数字を抜いて「右から機数行目の数の和」を3倍する
② ①と「偶数桁目の数の和」を足す
③ 出てきた答えの一の位を10から引いた数字がチェックデジットになる

※「4903333106004」の場合
① 奇数桁の和は、0+6+1+3+3+9=22　3倍すると22×3=66
② 偶数桁の和は、0+0+3+3+0+4=10　①と足すと66+10=76
③ 一の位を10から引くと、10−6=4
　　この「4」が末尾のチェックデジットになる

こうした JAN コードは、製造元や発売元が包装の段階で印刷する「ソースマーキング」とよばれます。

一方、生鮮食料品（野菜や肉など）のように、重さで個別に値段が異なる商品には、その販売店のみで通用する「インストアマーキング」というバーコードが使用されます。その場合、国コードに対応する最初の2桁は、混同を避けるため 20 〜 29 の数字を使用しています。

書籍の JAN コードは2段構成になっています。1段目は「978」から始まって、ISBN（書籍を分類する番号）が続き、最後はチェックデジットで終わります。2段目は「192」から始まる日本独自の図書分類と税抜き本体価格が表示され、やはり最後はチェックデジットで終わります[1]。

ところで、バーコードは光で情報を読み取っていますね。基本的には、赤色 LED などの光を当てて、黒い線（モジュール）と白い線を読み取り、0と1のデジタル信号に変換しています。

このしくみのおかげで、逆さまのバーコードでも問題なく読み取れます。中央のセンターバーを境にして右と左に分割し、その左右で、同じ数字の表し方（黒モジュールと白モジュールの7つの組み合わせ方）を変えているからです。

例えば、同じ「9」でも左側にあれば「0001011」、右側にあれば「0010111」といった異なる電気信号に変換されるので区別がつく、というわけです。

※ I：本書の裏表紙にも ISBN コードが印字されているのでご覧ください。

QRコードのしくみ

QRコード（Quick Response コード）はデンソーウェーブという日本の会社が1994年に開発したコードで、高速読み取りを重視した「バーコードの進化形」です。とくに携帯電話のカメラで読み取りが可能になったことで一気に普及しました[2]。

「進化形」といえる理由は、バーコードにくらべて情報量が圧倒的に増えたこと、30％ほどが汚れたり破損したりしてもデータが修復できること、バーコードの10分の1程度の面積で表示できること、といった特徴にあります。

従来のバーコードで扱える情報量は20桁程度でした。それに対して、QRコードは、**1つのコードで最大 7089 文字（数字のみの場合）の大容量を実装可能**です。データの修復は「誤り訂正機能」とよばれ、**コード自身でデータを復元する機能を搭載できます**。データを作成する人が、修復可能レベルを選択することも可能です。

QRコードはさまざまな場面で使われています。ホームページのサイトアドレスや、キャンペーン情報を簡単に受け取れるプロモーション用途のほか、電子チケットや空港の発券システムでも活用されています。SNSなどでは、フォロワーや友達とQRコードで情報共有するサービスもあります。

最近では、イラストや写真を組み合わせたデザイン性の高いものも見かけるようになりました。QRコードは誰でもつくることが可能です。皆さんも挑戦してみてはいかがでしょうか。

※2：デンソーウェーブ社は、QRコードの特許は保有しているものの、権利は行使せず、仕様をオープン化して誰でも使えるコードにしました。そのためコストがかからず、安心して使用できるコードとして、世界中で利用されるようになりました。

50 スマホはどうやってネットにつながるの？

> スマートフォンは電話だけでなく、簡単にインターネットにア
> クセスしたり、メールを送受信できますね。どのようなしくみ
> でインターネットにつながっているのでしょうか？

インターネットってなに？

ふだんなにげなく使っているインターネットですが、改めて「イ
ンターネットってなに？」と聞かれると、すらすら答えられない
人が多いのではないでしょうか。

インターネットとは、企業や学校、家庭などのさまざまな情
報機器を接続したネットワーク（LAN・ローカルエリアネットワーク）
を世界規模でつないだもののことをいいます。

情報のやりとりをするための**通信プロトコル**（共通の約束ごと）
として、TCP/IP（ティーシーピー・アイピー）が使われています[1]。
一般的に IP を「アイピー」と読んでいますが、省略せずに読む
と「インターネットプロトコル」となります。

インターネット上では、データをデジタル方式でやりとりして
おり、データは小さな**パケット**（データの固まり）に分割されて
送信されます[2]。

1つひとつのパケットには「やりとりするデータ」に加えて、
宛先と送信元のデータがついています。

※ 1：TCP/IP とは、Transmission Control Protocol (TCP) と Internet Protocol (IP) の略で、ネッ
トワーク上での通信に関する規約を定めたもの。「通信規約」や「通信手順」と訳します。

このため、バラバラに送られたパケットの一部が途中で通信エラーのため届かなかった場合でも、エラーが起きたパケットだけ送信をやり直すことができます。

インターネットでデータを伝えるしくみ

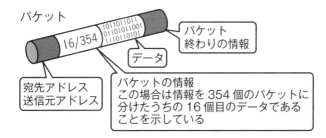

パケットがバラバラに送られる

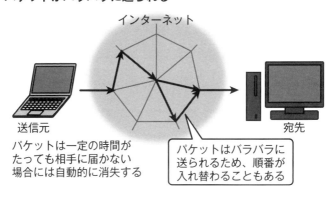

※2：1パケットは128バイトで、日本語で64文字相当のデータ量です。

家庭のパソコンをインターネットに接続するには？

家庭のパソコンやタブレットなどの情報機器をインターネットに接続するには、一般的にインターネットプロバイダのサービスを利用して接続します。

その際、データのやりとりは、電話回線（ADSL などもふくむ）や光回線を通しておこなうことになります。ただし、電話回線ではアナログ信号、光回線では光信号を使ってデータを送信するため、パソコンから出てくるデジタル信号を変換しなければなりません。

そこで、電話回線を使う場合には「デジタル信号とアナログ信号を変換する装置（モデム）」、光回線を使う場合には「デジタル信号と光信号を変換する装置（ONU）」が必要になります。

また、最近では家庭でもタブレットやパソコンなど複数の情報機器をインターネットに接続する場合が多くなっています。

複数の情報機器を同時にインターネットに接続するためには、それぞれの機器にデータを振り分けてやりとりするルーターという装置が必要になります。最近では、ケーブルをつながずに、無線でパソコンやタブレットなどの複数の情報機器をつなぐ無線LAN ルーターが増えてきました。

最近の無線 LAN ルーターは **Wi-Fi**（ワイファイ）規格を満たすものがほとんどなので、無線 LAN のことを Wi-Fi とよんでいます[3]。街中にある「フリー・Wi-Fi スポット」は、無料で Wi-Fi 規格の無線 LAN を使うことができる場所です。

※ 3：Wi-Fi は無線 LAN 規格のひとつで、米国の「Wi-Fi Alliance」という無線 LAN 製品の普及促進を図る団体に認証されたものをいいます。Wi-Fi は「Wireless Fidelity」の略とされています。

スマートフォンをインターネットに接続するには？

スマートフォンをネットにつなぐ方法は2つあります。

ひとつは、携帯電話会社（キャリア）の無線基地局にアクセスして、インターネットにつなぐ方法です。この方法でスマホをインターネットにつなぐと、画面の上の方に「3G」「4G」「LTE」などの表示が出ます。3GやLTEという表示は、モバイル通信の規格のことです。4GやLTE規格でつなぐと、3G規格の5倍から10倍のスピードで通信することができます。

もうひとつの方法は、先ほど紹介した無線LANを経由してインターネットプロバイダにつなぐ方法です。無線LANを使うと、携帯電話会社の通信回線を使わないのでパケット通信費用がかかりません。また、4GやLTE規格の4倍以上（無線LANから先の回線が十分速い場合）の通信速度で情報をやりとりできます。

インターネットアクセス方法

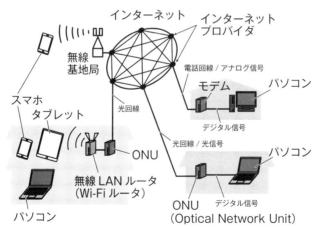

51 タッチパネルは どうやって指の動きを検知しているの？

スマートフォンやタブレット型コンピュータは画面をさわって操作しますね。そこに使われているのがタッチパネルです。どんなしくみで指の動きを検知しているのでしょうか。

タッチパネルは「透明金属」

液晶のディスプレイ上には透明なパネルが重なっていて、指の位置を検知し、その動きでコンピュータを直接操作することができます。この透明なパネルが「タッチパネル」です。

タッチパネルには透明な多数の電極が使用されています。電極なので当然電気を通しています。ところが、電気を通す金属は、通常「光」を通しません[※1]。光を通さなければ、ディスプレイの役割を果たせませんね。

そこで考え出されたのが「透明金属」です。金属とはいっても、単体の金属ではなく、酸化物を使った酸化化合物です。

最もよく使われているのが、酸化インジウムと少量のスズを混ぜたITO（酸化インジウムスズ）[※2]とよばれる透明金属です。ITOは、塊だと白色ですが、薄くのばして固めると無色透明になります。それを電極に使うことでタッチパネルができるのです。

なおインジウムは希少金属で高価なため、最近では酸化亜鉛を使ったり、導電性プラスチックを使ったりするものも見られるようになりました。

※1：金やアルミニウムなどを数十ナノメートルまで薄くすると、目で見える光がある程度通るようになります。しかし、金属の薄膜による電極は、光の透過率があまり良くありません。

第5章 『先端技術・乗り物』にあふれる科学

タッチパネルのしくみ

それではタッチパネルのしくみを見てみましょう。

初期の頃からよく使われているのが**抵抗膜方式**という方法です。プラスチック膜に透明金属をはりつけて2枚つくり、その間にドットスペーサーというプラスチック球を短冊状に並べてはさむ構造になっています。上面の膜を、指やプラスチック棒などでなぞると、膜がへこんで下の電極に接触し、電気が流れます。すると、そこに指があると検知できます［図1］。

抵抗膜方式は、構造が単純なので安価に製造できます。また、物理的に膜を変形させて接触するしくみなので、指以外のものでも操作でき、手袋をはめたままでも操作が可能です。

反面、耐久性が低くなる、画面の大きさが大きくなると検出精度が下がるなどの欠点があります。また、画面の透過率が若干悪くなります。

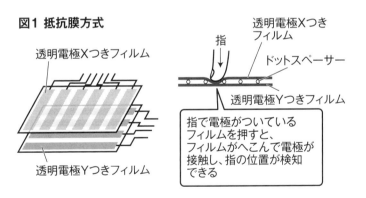

図1 抵抗膜方式

※2：ITO（酸化インジウムスズ、Indium Tin Oxide）は、可視光の透過率が約90％に上るため、液晶パネルや有機ELなどのフラット・パネル・ディスプレイ向けの電極として多用されています。

一方で、最近のスマートフォンやタブレット型コンピュータなどに多く利用されているのが**静電容量方式**とよばれる方法です。

　この方法は、画面に並べた電極に指が近づくと、電極で電気量（静電容量）が変化して指の位置を割りだします［図2］。この方法だと画面の透過率がよく美しいタッチディスプレイが実現できます。

　またパネルが変形しないため、耐久性・耐摩耗性がよいという特徴もあります。

　複数の指の位置を検知する「マルチタッチ」も可能です。スワイプ、スクロールなどの2本指や3本指による操作ができるのは、マルチタッチが実現できているおかげです。

図2 静電容量方式

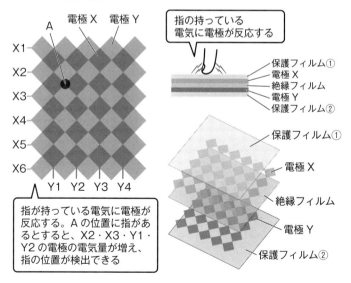

第5章 『先端技術・乗り物』にあふれる科学』

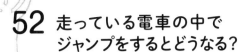

52 走っている電車の中で ジャンプをするとどうなる？

走っている電車の中でジャンプしたことはありますか。空中に飛び上がっている間も電車は進んでいるのに、ジャンプしてもやはりその場に着地できます。どうしてでしょうか。

物が持つ慣性

走っている電車の中でジャンプをすると、ジャンプをした人は後ろに置いていかれ、電車だけ先に進んでしまいそうに思います。ところが、実際は同じ場所に着地できますね。

このことは、物体がもっている慣性という性質があることと大きく関係しています。慣性とは、動いている物体はそのまま動き続けようとし、止まっているものはそのまま止まっていようとする性質をいいます[※1]。

ところで電車の中でジャンプをした人は、真上に飛んでいるのでしょうか。次のページの図は、電車の外から見たときの（電車の中の）人の動きです。

真上にジャンプをしたつもりでも、実際は慣性のはたらきによって、その瞬間に電車と同じ速さで進行方向に動きつづけています。空中にいる間もジャンプしたときも、速さは維持されています。つまり、踏みきった瞬間も空中に浮かんでいるときも、電車が走るのと同じスピードで同じ方向に動いていることになりま

※1：物体は、この慣性をもっているので、外部から何の力もはたらかないか、力がはたらいてもたし算をして0ならば、静止状態を続けるか、一定の速度で運動を続けます。これを慣性の法則といいます。

す。そのために、ジャンプした人は結局、同じところに降りてくることになるのです。

50メートルも先に飛んでいる！

たとえば、新幹線であなたが50センチメートルの高さまでジャンプしたとしましょう。ジャンプをしてから再び床に着地するまでの時間は、おおよそ0.6秒です。

仮に新幹線の速さが時速300キロメートルだとしたら、1秒間に約83メートル進むことになります。したがってジャンプしている0.6秒の間に、約50メートル進行方向へ移動したことになります。**真っすぐ上にジャンプしたつもりでも、約50メートルも先に移動している**わけです。

しかし実際にはその間に新幹線も同じ距離だけ進んでいるので、ジャンプしたあなたは新幹線の車内の同じところに着地していることになります。

第5章　『先端技術・乗り物』にあふれる科学』

ジャンプをしているときに急ブレーキをかけたら

では、もしジャンプしている間に新幹線が急ブレーキをかけたらどうなるのでしょうか。ジャンプしている人だけがブレーキをかけられていませんから、時速300キロメートルのまま進むことになります。

一方、新幹線はブレーキがかかり減速していきます。このため人と新幹線の速さに差が生まれます。その差の分だけ前方の進行方向に着地します。つまり、ジャンプをしたあなたは進行方向に投げ出された状態になってしまいます。

私たちもよく電車の中でブレーキがかかったとき、つんのめるのことがありますね。逆に、止まっている電車が、いきなり動き出すと、私たちは、置いていかれそうになります。原理はこれとおなじです。

時速1400キロメートルで動いている？！

地球は自転しています。東京をふくむ同じ緯度の地球の円周は約3万3000キロメートルです。それが、地球の自転で東京が一日東へ回って元の場所へもどってくる間に動いた距離です。24時間で割れば、時速がわかります。東京では東へ向かって時速1400キロメートルで動いています。

東京でまっすぐ上にジャンプしたら、飛び上がった人も時速1400キロメートルで動いていることになります。もちろん慣性の法則によって、着地するのは同じ場所です。それでも時速1400キロメートルで動いていると考えたらおどろきですね。

201

53 新幹線は なぜくちばしが伸びたアヒル顔なの？

新幹線の顔ともいえる先頭のフォルムはとても特徴的です。なかでも 700 系のアヒルの顔のようなフォルムには、新幹線の新時代を切り拓いた驚きの発想と技術がつまっています。

新幹線のフォルムに歴史あり

1964 年に東海道新幹線が開業してから、最新の北陸新幹線に至るまで、さまざまな車両が登場しました。そんな中、先頭のフォルムも大きく変わってきました。

歴代の先頭フォルム

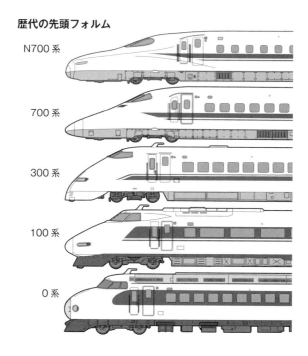

N700 系

700 系

300 系

100 系

0 系

第5章 『先端技術・乗り物』にあふれる科学』

例えば、団子鼻のような初代 0 系、シャープな印象の 100 系、鉄仮面とよばれた 300 系、カワセミのくちばしのような 500 系、そしてアヒルのくちばしのような 700 系です。

東京—大阪間が現在では 2 時間半で結ばれるように、新幹線は超高速化の道をたどってきました。

その超高速化に対応するために、先頭のフォルムは、初代 0 系の団子鼻から次第に流線型を採用するようになりました。しかし、トンネル出口での騒音問題や、車両空間の問題などから、流線型のフォルムには限界がやってきたのです。

日本の新幹線がかかえる問題

日本は国土の約 70％が山岳地帯で、トンネルの数がとても多いのが特徴です。

時速 300 キロメートルにも達する新幹線がトンネルに突入するとトンネル内の空気を圧縮し、出口で「ドーン」と大きな音と衝撃波を発生させます。これが「トンネルドン（トンネル微気圧波）」とよばれる騒音問題です。

これを解決したのがカワセミのくちばしのような 500 系でした。流線型の極みのような長い形状は、カワセミが捕食のために水面にダイブする様子がヒントになったといわれています。

しかし一方で、客室の天井高が低くなって圧迫感がある、乗降できない車両があるなどの問題もありました。

さらに、トンネル内で気流の乱れにより車体後方が振られる問

題も、300系以来の課題として未解決のままでした。

アヒルの顔は救世主？

微気圧波による「トンネルドン」、客席の空間確保、気流で車両後方が振られるといった新幹線が抱えた一連の問題を解決したのが、700系の先頭フォルムでした。どこか愛嬌があって、くちばしを伸ばしたアヒルの顔のように見えますね。

正式名称は「エアロストリーム」とよばれます。エアロストリームは500系より短い形状ですが、500系と同じ楔形の構造（先頭から後方にかけて断面積が一定の割合で増える）を採用しています。

空気の流れを上・右・左の3方向に逃がすことで、微気圧波による「トンネルドン」や、車両後方が振られる問題を解決しました。さらに、極端な流線型ではないため客席のスペースを十分確保することもできました[1]。

700系で採用されたエアロストリーム

アヒル顔のような先頭フォルムは、空気の流れを三方向に逃して超高速を維持しながら、トンネルドンを解消し、客席スペースも十分に確保した。

※1：エアロストリームは西日本の「レールスター」でも採用されています。

第5章 『先端技術・乗り物』にあふれる科学』

　このエアロストリームは、最高速度を時速285キロメートルに
おさえることを前提に、先頭部分を短くしていました。

　そこで、スピードをさらに速めるべく登場したのが、後続のN
700系です。N700系は、先頭部分が700系より1.5メートル長く、
鳥が翼を広げたように見え、「エアロ・ダブルウィング」とよば
れます※2。

　性能面で向上した点は、先端側の断面積の増加割合を上げ、そ
の分、後方の増加割合を下げたことで微気圧波がさらに軽減され
たことです。しかも、車両に荷物を積めるスペースが増え、運転
席から先頭までの距離が縮まって視野がクリアになりました。

　ほかにも、ハイブリッドカーの「回生ブレーキ」の仕組みを利
用してブレーキ時に発電する省エネ技術や、空気バネを使ってカ
ーブで車体をわずかに1度傾かせながら最高速度で走行できる、
「車体傾斜システム」が採用されるなど、技術革新に余念があり
ません。

　日本の新幹線は騒音問題を常に優先しながらも、快適な車内空
間をつくり出し、時速270キロメートルまでわずか180秒で到達
する新時代へ突入しました。

　素晴らしい新技術を採用した列車がデビューする一方で、時代
を反映した列車がファンに惜しまれながら引退したり、狭い国土
ながらもまだまだ新路線が建設されたりと、鉄道や新幹線の進展
は目まぐるしく変化しています。

　※2：エアロ・ダブルウィングは、通産省の「グッド・デザイン賞」と鉄道友の会の「ブ
　ルーリボン賞」をダブル受賞しました。

54 飛行機はなぜ空を飛べるの？

「あんな重たいものが浮かぶわけがない」といった人がいるそう
です。重さが 100 トンを超える旅客機が飛ぶしくみはどうなっ
ているのでしょうか。

まず飛んでいる飛行機に働いている力を考えてみよう

　水平に一定の速さで直線飛行を続けている飛行機を想定してみ
ましょう。

　鉛直方向[1] では、この飛行機に働く地球の重力と翼など機体
に働く揚力（浮く力）はつり合っています。地球が地球の中心方
向、つまり下に引っぱる重力だけなら、飛行機は落下してしまい
ます。重力とつり合う上向きの揚力があるから浮いていられるの
です。

　また、水平方向では、飛行機のエンジンで前に進む力（推力）と、
機体が空気から受ける抵抗力はつり合っています。

　水平方向では前向きの推力と後ろ向きの空気の抵抗力がつり合
って、2つを足した合力は0になっています。それによって、一
定の速度で一直線に進む（等速直線運動をしている）のです。

　じつは、旅客機のエンジンの最大推力は機体重量の4分の1程
度で、重さを支えるに足りません。飛行機に上向きに働く揚力は
どこから得ているのでしょうか。

※1：糸に鉛のおもりをつけてぶらさげると地球の中心方向に向きますね。この「上下方
向」「水平面と垂直な方向」のことを「鉛直方向」といいます。

206

等速で飛んでいる飛行機に働く力

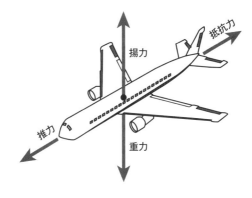

飛行機が浮く力は空気からもらっている

飛行機は「浮く力(揚力)」を空気から得ています。

わかりやすい事例として、私たちが泳ぐときのことを考えてみましょう。泳いで前に進むとき、私たちは手で水をかいて、水を後ろに押しますね。後ろに押した水の量が多いほど早く進むことができます。

これと同じようなことが、飛行機の主翼で発生します。翼を通りすぎる空気は、流れの向きを下向きに変えます。空気が翼によ

って下向きに押され、逆に、翼は上向きに押されます。この上向きの力が翼に働く揚力です。

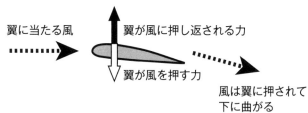

飛行機は空気を下に押して浮く

　空気は軽いのに重い飛行機を支えることができるほどの大きな力になるのだろうか、と不思議に思うかもしれませんね。

　飛行機は速度が速いために、通りすぎる空気の量が非常に多く、100トンを超える飛行機を浮かす揚力が発生するというわけです。

　ところで、まっすぐ飛ぶだけでは飛行機は目的地にたどり着けません。飛行機はどのようにして向きを変えているのでしょうか。

ライト兄弟は旋回飛行を実現して実用化の口火を切った

　ライト兄弟は世界で初めて人が乗る飛行機を飛ばすことに成功しました。1903年12月17日のことです[2]。最初の飛行は12秒間、36メートルの直線飛行でした。

　飛行機を旋回させて離陸地点に戻る周回飛行ができれば、実用的な飛行技術が完成したとみなせます。

　ライト兄弟は、旋回するためには翼を傾けなければならないこ

※2：このことにちなんで、12月17日は「飛行機の日」になりました

とに気づきました。翼をひねることで旋回する方法を発明し、それを特許にしました。

彼らは1905年10月5日に前人未到の39分間の周回飛行を実現します。同じ場所を30回周回し、総飛行距離39キロメートルを記録しました。

この周回飛行のあと開発競争がさらに激化し、ライト兄弟の特許を回避する目的もあって現在の形の補助翼が開発されました。特許訴訟はライト兄弟の勝利でしたが、補助翼がライト兄弟の翼をねじる方式にとって代わりました。

ライト兄弟は飛行機を操縦するために3つの舵を使いました。舵の形式はちがうとはいえ、この3つの舵とその機能は現代の旅客機も同じです（下図参照）。

現在の飛行機もライトフライヤーと同じように、翼を傾ける補助翼、機体の向きを左右に動かす方向舵、機首を上下に動かす昇降舵が使われているのです。

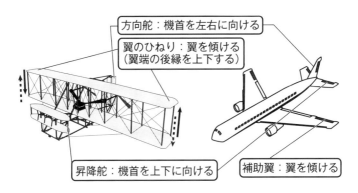

55 エコカーの「エコ」のしくみは どうなっているの?

> 環境に優しくて燃費がいいエコカーが売れています。ハイブリッドカー、プラグインハイブリッドカー、電気自動車、燃料電池車と種類もさまざまですが、どんなちがいがあるのでしょうか。

ハイブリッドカー(HV)

「ハイブリッド」とは日本語で「組み合わせる」という意味です。ハイブリッドカーは、エンジンとモーターを走行状況に応じて使い分けたり、同時に使ったりして燃費を向上させています。

モーターは電気のはたらきで動くので、加速するときのガソリン消費をおさえることができます。一方で高速道路など一定速度で走行できる道では、大きなバッテリーとモーターの重量が負担になって燃費が悪くなる傾向があります。

それでも電気を使うことがメリットになるのは、信号待ちなどで停止と発進(ストップ&ゴー)をくり返すたびに発電する**回生ブレーキ**という技術が採用されているからです。

回生ブレーキは、運転手がアクセルを離した直後に、タイヤの回転する動力を利用してモーターが発電するしくみです。これは、自転車の前輪についているライトと同じ原理です[1]。

「回生」の意味は「蘇る」ですが、モーターを動かすために使った電力を、ストップ&ゴーのくり返しで蘇らせているのです。日本は欧米に比べて信号が多く、ストップ&ゴーがどうしても多

※1:電池式ではなく、タイヤの回転でライトが発光するタイプです。

第5章 『先端技術・乗り物』にあふれる科学』

くなるために、回生ブレーキの開発が重要だったのです。ちなみ
に、ハイブリットカーは回生ブレーキを積極的に使うため、ブレ
ーキパッドの減りが極端に遅いという特徴があります。

　トヨタの「プリウス」が一般販売されて、欧米諸国も回生ブレ
ーキの有効性に気づき、ハイブリッドカーの開発競争がはげしく
なりました。
　海外でも様々なハイブリッドカーが開発されています。例えば、
ポルシェやフェラーリなどの高級スポーツカーでもハイブリッド
モデルが開発され、ルマンのような耐久レースではハイブリッド
カーだからこそ勝てる時代になってきました[2]。

プラグインハイブリッドカー（PHEV）

　プラグインハイブリッドカーは、家庭用コンセントから直接充
電できて電気で走行することはもちろん、ガソリンによる走行も
可能です。
　プラグインハイブリッドカーの最大の特徴は、屋外で家庭と同
じように電気が使える点です。例えば、三菱「アウトランダー
PHEV」は、フル充電すれば、一般的な家電が最大1日分使える
電気を供給できます。電気残量がゼロになったらエンジンをかけ
て発電できるので、ガソリン満タンでおよそ10日分の非常用電
源になります。屋外でのレジャーはもちろん、ライフラインが途
絶えた災害時でも活躍が期待されます。

　※2:トヨタの「プリウス」はカーレースの世界でもレーシングカーとして活躍しています。

電気自動車（EV）

電気自動車は、ガソリンを一切使わず電気の力だけで走行することができます。しかし、今のところ高価なニッケルやリチウムでできたバッテリーを搭載しているために、車体価格がどうしても高くなってしまいます。1回のフル充電で走行できる距離は約200キロメートルと短いことにも注意が必要です。

高速道路のガソリンスタンドなどに設置され始めたEV専用充電器「CHAdeMO」のスポットを確認してから出発しましょう。

燃料電池車（FCV）

燃料電池車は、水素と酸素の化学反応で電気をつくる燃料電池を搭載した車です。燃料電池は電池というより、むしろ発電装置です。

必要な燃料は水素だけで、酸素は空気中のものを利用します。水素は水素ステーションで補給します。水素と酸素で発電し、走行時に排出するものは水だけですから、非常に環境に優しい自動車といえます。

ただし、燃料となる水素の安全な製造や運搬の技術、街中に水素ステーションを整備するインフラの問題などを解決していく必要があります[3]。

※3：水素は少量でも静電気程度のエネルギーで着火します。ただし空気よりも軽く素早く拡散するため、空気中に逃がせば爆発を起こす危険性は低いといえます。また、水素じたいは人体に害を持ちません。

第5章 『先端技術・乗り物』にあふれる科学

ガソリンで動いたり、電気で動いたり、いろいろな自動車があるなー

FUTSU 普通自動車
＜メイン動力＞	＜エネルギー源＞
エンジン	ガソリン

HV ハイブリッドカー
＜メイン動力＞	＜エネルギー源＞
エンジン	ガソリン

ガソリンエンジンと電気によるモーターの2つの動力源を持ち、走行状況に応じて併用する。

PHV プラグインハイブリッドカー
＜メイン動力＞	＜エネルギー源＞
モーター・エンジン	電気・ガソリン

モーターとエンジンの効率のよい方式を使用し、単独では足りない場合、補助しながら双方で動力を発生する。

EV 電気自動車
＜メイン動力＞	＜エネルギー源＞
モーター	電気

エンジンの代わりにモーターと制御装置を搭載。バッテリーに蓄えた電気で走行する。

FCV 燃料電池車
＜メイン動力＞	＜エネルギー源＞
モーター	酸素・水素

水素と酸素の化学反応によって発生した電気エネルギーを使いモーターを駆動させて走行する。

執筆者（五十音順）

■ 番号は執筆担当項目を示す
※肩書きは原稿執筆時点のものです

青野　裕幸（あおの・ひろゆき）04 26 「楽しすぎるをバラまくプロジェクト」代表　32 41	伊藤　文詔（いとう・ふみのり） 公立高等学校教諭　31 39
稲山　ますみ（いなやま・ますみ） 東京大学教育学部附属中等教育学校 理科技能補佐員　14 15	坂本　新（さかもと・あらた） 埼玉県越谷市立大袋中学校　01 23
左巻　健男（さまき・たけお）05 21 法政大学教職課程センター教授　33 38	十河　秀敏（そごう・ひでとし） 豊中市立第十七中学校　17 52
田中　一樹（たなか・いつき） 学習院中等科教諭・学習院大学兼任講師 ・法政大学兼任講師　30 42	田中　岳彦（たなか・たけひこ） 三重県立津西高等学校教諭　16 45
中川　律子（なかがわ・りつこ） 「RikaTan（理科の探検）」誌編集委員　27 40	仲島　浩紀（なかじま・ひろき） 帝塚山中学校・高等学校　24 28
長田　和也（ながた・かずや） 清和大学　18 19 46	長戸　基（ながと・もとい） 関西大学初等部　13 50
夏目　雄平（なつめ・ゆうへい） 千葉大学名誉教授・放送大学講師 （物理学）　20 47	平松　大樹（ひらまつ・たいき） 積丹町立美国小学校　06 37
福武　剛（ふくたけ・つよし） ドゥサイエンス代表　25 54	藤本　将宏（ふじもと・まさひろ） 兵庫県三木市立自由が丘東小学校　49 53 55
船田　智史（ふなだ　さとし） 立命館大学理工学部　07 22	舩田　優（ふなだ・まさる） 千葉県立松戸六実高等学校　物理担当　10 12
桝本　輝樹（ますもと・てるき）11 29 千葉県立保健医療大学講師　34 36 44 48	丸山　文男（まるやま・ふみお） 長野県松本県ヶ丘高等学校　08 43
南　伸昌（みなみ・のぶまさ） 宇都宮大学教育学部教授　02 03	横内　正（よこうち・ただし） 長野県松本市立清水中学校教諭　09 35 51

■編著者略歴

左巻 健男（さまき・たけお）

法政大学教職課程センター教授
専門は、理科・科学教育、環境教育
1949年栃木県小山市生まれ。千葉大学
教育学部卒業（物理化学教室）、東京
学芸大学大学院教育学研究科修了（物
理化学講座）、東京大学教育学部附属
高等学校（現：東京大学教育学部附属
中等教育学校）教諭、京都工芸繊維大
学教授、同志社女子大学教授等を経て
現職。
『理科の探検（RikaTan）』誌編集長。
中学校理科教科書編集委員・執筆者（東
京書籍）。
著書に、『暮らしのなかのニセ科学』（平
凡社新書）、『面白くて眠れなくなる物
理』『面白くて眠れなくなる化学』『面
白くて眠れなくなる地学』『面白くて
眠れなくなる理科』『面白くて眠れな
くなる元素』『面白くて眠れなくなる
人類進化』（以上、PHP研究所）、『話

したくなる！つかえる物理』（明日香
出版社）ほか多数。

本書の内容に関するお問い合わせ
明日香出版社　編集部
☎(03)5395-7651

図解　身近にあふれる「科学」が3時間でわかる本

2017年　7月28日　初版発行

編著者　左　巻　健　男
発行者　石　野　栄　一

〒112-0005 東京都文京区水道2-11-5
電話 (03)5395-7650（代表）
(03)5395-7654（FAX）
郵便振替 00150-6-183481
http://www.asuka-g.co.jp

☑明日香出版社

■スタッフ■　編集　小林勝／久松圭祐／古川創一／藤田知子／田中裕也／生内志穂
営業　渡辺久夫／浜田充弘／奥本達哉／平戸基之／野口優／横尾一樹／
関山美保子／藤本さやか　財務　早川朋子

印刷　美研プリンティング株式会社
製本　根本製本株式会社
ISBN 978-4-7569-1914-4 C0040

本書のコピー、スキャン、デジタル化等の
無断複製は著作権法上で禁じられています。
乱丁本・落丁本はお取り替え致します。
©Takeo Samaki 2017 Printed in Japan
編集担当　田中裕也

話したくなる！　つかえる物理

左巻　健男

大人も学生も楽しく読めて勉強になる、物理が身近に感じられる1冊です。知っているようで知らない物理の基礎や有名な法則を身近な事例を交えながら解説。全部で50個の法則が登場します。

本体価格1500円＋税　224ページ
B6並製　2013年2月発行
ISBN 978-4-7569-1596-2

話したくなる！　つかえる生物

左巻　健男／青野　裕幸

生物の専門的な話を、身近な例に置き換えて説明することで、「そういうことだったのか!」と理解しやすくなります。
「iPS細胞」などのネタにも触れています。

本体価格1500円＋税　232ページ
B6並製　2014年7月発行
ISBN 978-4-7569-1712-6